你经历了什么？

[美] 布鲁斯·D.佩里　[美] 奥普拉·温弗瑞 / 著　李镭 / 译

关于创伤、疗愈和复原力的对话

中信出版集团 | 北京

图书在版编目（CIP）数据

你经历了什么？：关于创伤、疗愈和复原力的对话 /（美）布鲁斯 · D. 佩里，（美）奥普拉 · 温弗瑞著；李镭译 . —北京：中信出版社，2022.1（2025 . 9 重印）
书名原文：What Happened to You: Conversations on Trauma, Resilience, and Healing
ISBN 978-7-5217-3573-4

I. ①你… Ⅱ . ①布… ②奥… ③李… Ⅲ . ①人格心理学－通俗读物 Ⅳ . ① B848-49

中国版本图书馆 CIP 数据核字（2021）第 186928 号

你经历了什么？——关于创伤、疗愈和复原力的对话
著者：　［美］布鲁斯 · D. 佩里　［美］奥普拉 · 温弗瑞
译者：　李镭
出版发行：中信出版集团股份有限公司
（北京市朝阳区东三环北路 27 号嘉铭中心　邮编　100020）
承印者：　北京通州皇家印刷厂

开本：787mm×1092mm 1/16　　印张：20　　字数：196 千字
版次：2022 年 1 月第 1 版　　印次：2025年 9 月第11次印刷
京权图字：01–2021–5804　　书号：ISBN 978–7–5217–3573–4
定价：68.00 元

服务热线：400–600–8099
投稿邮箱：author@citicpub.com

—— **布鲁斯·D. 佩里医生** ——

献给我的临床小组：

芭芭拉、格兰特、杰伊、埃米莉、麦迪、班吉、

伊丽莎白、凯瑟琳、罗伯特和埃米莉。

深深怀念玛莎·麦吉利斯·佩里。

—— **奥普拉·温弗瑞** ——

献给我生命中的女孩们。

她们以为自己的翅膀折断了。

但我希望你们不仅能飞起来，还要在天空中翱翔。

我无法决定我的儿子会有一个怎样的未来，但我可以决定他度过一个怎样的童年，我可以决定他未来生活中一个很重要的部分，那就是他对童年的记忆。

——艾莉森·高普尼克

目录

作者手记

如果你的母亲、父亲、伴侣或孩子曾经经历过创伤，如果你或者你爱的人曾经被贴上“讨好型人格”、“自我破坏”、“具有破坏性”、“好争论”、“无法集中注意力”、“不能胜任工作”或“不擅长处理人际关系”之类的标签，那么这本书就是为你准备的。或者如果你只是想要更好地了解自己和他人，这本书也很适合你。

这样的阅读体验会让你思考，让你有切身的感受——有时这种感受可能是难过和痛苦的。对于某些读者来说，阅读这本书中的内容将会是一种挑战。因为这些内容可能会让他们紧张，甚至会感到不安。对于另一些读者，这本书中涉及大脑的部分则可能非常陌生，初读时会难以理解。但我们希望你能多一些耐心和信任，信任我们，也信任你自己。

如果你觉得阅读本书是一场太过艰难的挑战，那就先停下来，把这本书放下，等一个小时，或者一个星期，等到你觉得能够重新拿起它，准备好继续探索“你经历了什么”为什么会塑造你的想法、感受和行动时，再拿起它。那时你自然会发现一条前进的路。

导言

"不许哭，"她警告我，"你最好把嘴闭上。"

我的脸上没有了表情。我的心脏不再飞快地跳动。我用力咬住下嘴唇，克制着自己一个字都不说。

"我这样做是因为爱你。"她在我耳边不断解释着。

当我还是个小女孩的时候，我经常会挨打。在那个年代，照顾者用体罚的方式管教孩子是司空见惯的事。我的外祖母哈蒂·梅就常常这样教训我。但即便我那时才三岁，我也知道我所经历的这一切是不应该发生的。

我记忆中被打得最狠的一次，是在一个星期日的上午。每周我们都要去教堂，那天，就在我们要出去做礼拜的时候，我被派到房子后面的水井打水。我和我的外祖父母住在农场的房子里，没有室内的水管。外祖母从窗口看到我用手指拨弄水，立刻就生气了。其实那只是小孩子的好奇，而外祖母生气是因为那是我们要喝的水，我却把手指放了进去。后来她问我是不是玩水了，我说"没有"。她就让我弯下腰，用鞭子狠狠抽我，在我身上抽出了一道道血痕。挨打之后，我费力地穿上去教堂要穿的白色裙子，那是我最好的衣服。鲜血立刻浸透了那条裙子，在洁净的布料上染出一道道深红色。外祖母看见衣服脏了，更是勃然大怒，责备我不应该把血染到裙子上。然后她送我去了主日学校。在南方的农村，黑人孩子就是这样被抚养长大的。我认识的人全都挨过打。

发生任何一件微不足道的事——比如把水洒在地上、打破了玻璃杯、没有保持安静或站在那里不动——我都会挨打。我曾经听一个黑人喜剧演员说："你走过的最远的路，就是去拿打你的鞭子。"我挨打的时候不仅要自己去拿鞭子，而且如果没有合适的鞭子，我还要自己去找一根——细长的青树枝是最好的。如果太细了，我就要把两三根树枝编在一起，让抽我的鞭子变得更结实。外祖母常常会强迫我帮她把鞭子编好。有时候，这种鞭打会留到周六晚上，那时我刚刚洗过澡，全身赤裸。

挨打之后，我几乎站立不稳，外祖母却告诉我要注意调整表情，不要噘嘴，要面带微笑，把挨打的事情藏在心里，仿佛什么都没有发生过一样。

慢慢地，我被培养出一种非常敏感的直觉，能很清楚地知道什么时候会有麻烦，迅速辨别出外祖母声调或眼神的变化——那意味着我又让她生气了。她不是一个恶人。我相信她很关心我，希望我成为一个"好女孩"。我明白"闭上嘴"、保持沉默是尽快结束惩罚和痛苦的唯一方式。在随后的四十年里，这种条件反射式的顺从模式——这种深深扎根在我心底的创伤——将会定义我人生中的每一段关系、每一次互动和每一个决定。

挨打后还要被迫闭嘴，甚至还要微笑，这种长期的精神压抑让我成长为一个极致讨好型人格的人。如果我小时候被以不同的方式养育，我就不必用半生的时间来学习设定界限和自信地说"不"。

作为一个成年人，我非常庆幸自己能够和许多人建立长期、稳定、充满爱的关系。但我在人生早期承受的鞭打、情绪的崩溃，还有与生活中最重要的人之间产生的裂痕，这些无疑都塑造了我孤僻而独立的性格。我常常会想起《不可征服》(*Invictus*) [1] 这首诗中充满力量的句子：

> 我是我灵魂的统帅，我是我命运的主宰。

数以百万计的人曾经有过和我一样的童年，长大以后，他们都认为自己的生命毫无价值。

成千上万有勇气的人在《奥普拉脱口秀》上和我分享了他们的故事，再加上我与布鲁斯·佩里医生的交谈，让我意识到，那些本应该关心爱护我的人对待我的方式、给我造成的影响并非都是情绪上的 (emotional)，其中也有生物反应 (biological response)。通过我与佩里医生的对话，我发现，尽管我在童年时期遭受过虐待，留下过创伤，但我的大脑也找到了适应方式。

这是我们所有人的希望所在——我们神奇的大脑具有独特的适应性。就像佩里医生在这本书中所讲述的，理解大脑对于压力和早期创伤会做出怎样的反应，可以帮助我们弄清楚，我们过去"经历了什么"是如何决定了我们现在的样子、行为和做事的动机的。

通过这样的视角，我们可以建立一种全新的自我价值感，最终重新调整我们对环境、状况和人际关系的反应。换句话说，这是重建我们的生命的关键。

——奥普拉·温弗瑞

1　这首诗的作者是威廉·埃内斯特·亨利，19世纪维多利亚时代的英国诗人。诗人自幼体弱多病，患有肺结核，他的一只脚被截肢，为了保住另一只脚，他一生都奋力与病魔抗争，不向命运屈服。"Invictus"是拉丁文，意为不可征服，此诗是诗人在病榻上所作。——编者注

○ 1989年的一天早上，我正坐在实验室里——那是我在芝加哥大学的发展神经科学实验室（Laboratory of Developmental Neurosciences）。当我正检查最近一个实验的结果时，我的助手把头探进来对我说："奥普拉要给你打电话。"

"嗯，好的，请她留言吧。"昨晚我通宵查资料，现在实验结果看起来还是一团糟。我可没心情理会恶作剧。

他笑了，"不，是真的。是哈泼[1]的人打来的。"

奥普拉没有理由给我打电话。我只是个年轻的儿童精神科医师，我的工作是研究压力和创伤对于神经系统发育的影响。对我的工作有了解的人寥寥无几。精神病学领域的同行大多不会太关注神经科学和童年创伤。这种创伤对身体和心理健康的重大影响，还没有被深入探索过。我还是觉得肯定是我的某个朋友在搞恶作剧。

1 哈泼公司（Harpo Inc.）是奥普拉的制作公司，"Harpo"一词来自奥普拉"Oprah"的反拼写。——编者注不过我还是接了电话。

“温弗瑞女士将于两周后在华盛顿举办一场关于儿童虐待问题的国家领导人会议，我们希望你能参加。”

那个人又向我做了一些解释，我才渐渐明白，这次会议将有很多知名人士和组织参加。我的工作是研究创伤对发育中的大脑的影响，在那么多政治正确的主流观念中，这实在太微不足道了。于是我礼貌地拒绝了邀请。

几个星期以后，我又接到一通电话，“奥普拉想邀请你去她在印第安纳农场的静修所一天。除了你和奥普拉以外，还会有另外两个人。我们想要就如何解决儿童虐待的问题一起集思广益。”

这一次，我感觉有机会做出些有意义的贡献，于是就接受了邀请。

那时社会上关于儿童虐待问题的主流声音来自安德鲁·瓦克斯。他是一位作家和儿童案件律师。他的开创性工作让社会意识到了追踪已知的虐待儿童的罪犯的必要性。当时，这种人可以随时从一个州迁居到另一个州，没有办法监控到他们在哪里，是否遵守了不得接近儿童的限制。1989年在印第安纳召开的会议促使《全国儿童保护法案》（National Child Protection Act）于1991年起草，一个新的国家数据库也因此建立，虐待儿童的罪犯将被收录其中。1993年12月20日，经过两年的倡导，由美国参议院司法委员会做证，“奥普拉法案”（Oprah Bill）被签署成为法律。

1989年的那一次见面让我们之后又有了更多交谈。我们会在《奥普拉脱口秀》上讨论具体的儿童案例，以及这些事件对于儿童早期大脑发育的重要影响。不过，我们的大部分交谈都是围绕“奥普拉·温弗瑞女子领导力学院”（Oprah Winfrey Leadership

Academy for Girls，简称OWLAG）展开的。2007年，奥普拉在南非创立了这所学院，目的是挑选和支持富有潜质的“弱势群体”女孩，让她们得到好的教育，拥有更丰富的人生，进而培养一批面向未来的领导者。许多进入学院的女孩尽管遭遇过贫穷、创伤、集体或者家庭暴力等一系列逆境，却表现出良好的复原力，取得了优异的学业成绩。很早以前，这所学院就开始践行我们在本书中讨论的许多概念；今天，学院已经成为创伤感知和认知发展教育的典范。

2018年，我接受奥普拉的采访，参与探讨了《60分钟》节目中一个关于“创伤知情护理”（Trauma Informed Care，简称TIC）[1]的案例。虽然我们的对话只有节目最后的两分钟时间，但数百万观众看到和听到了我们的讨论，这让很多从事创伤治疗的专业人士感到兴奋。不过我们要讨论的课题实在不是这短短两分钟能够涵盖的。

促成这次对话的部分原因是奥普拉本人对这个话题的热情。在哥伦比亚广播公司的《CBS今晨秀》（*CBS This Morning*）节目中，奥普拉告诉盖尔·金[2]，如果能让人们关注到创伤对儿童大脑发育的影响，她愿意在桌子上跳舞。在《60分钟》的新闻副刊上，奥普拉说这是她一生中最重要的事情。

虐待、忽视和疗愈是奥普拉职业生涯中的永恒话题。她一直致力于给人们普及创伤知识，这已经成为她节目的一个特征。数百万观众看到她倾听嘉宾的讲述，与他们交流，对他们表达安慰，并从他们

1 创伤知情护理指医疗专业人员接触创伤病人时，以共情和更深的理解，去尽力保障病人心理安全的做法。——编者注

2 盖尔·金是奥普拉的密友兼合作伙伴。——编者注

那里学习各种创伤方面的知识。她认真探讨过创伤性损伤、虐待、性侵、种族主义、厌女症、家庭暴力、集体暴力、性别认同、非法监禁以及其他许多问题造成的有害影响，以此来帮助我们探索健康、疗愈、创伤后的成长和复原等一系列课题。

在二十五年的时间里，《奥普拉脱口秀》对童年逆境经历[1]、挑战、痛苦、压力、创伤和复原力进行了深入详尽的探讨：1989年，分离性身份识别障碍[2]；1997年，儿童早期经历对大脑发育的重要性；2005年，收养儿童的权利；2009年，儿童受到严重忽视产生的有害影响，等等。在许多方面，她的节目为人们更加广泛、系统地认识这些问题铺平了道路。在她最后一季节目的其中一期，有二百位包括泰勒·派瑞[3]在内的男性讲述了他们的受虐待史。对于遭遇逆境和创伤的人们，她一直都是他们的卫士和导师，未来也仍将如此。

三十多年来，奥普拉和我一直在探讨创伤、大脑、复原力以及疗愈的问题。这本书是我们长期讨论所获得的最终成果，我们将在书中以对话加真实案例的方式来阐明这一切背后的科学逻辑。

关于发育、大脑和创伤，需要探讨的问题实在是太多了，远远不是一本书能够容纳的，尤其是一本由故事组成的书。这本书中的文字和概念是数千位科学家、临床医生和研究人员在遗传学、流行

---

1 童年逆境经历（Adverse Childhood Experience，简称ACE）指在童年经历了一些超出儿童正常情感发展承受度的压力性事件，这些事件可能是被虐待（身体/情感/性），可能是被忽视（生理/心理），也可能是经历极度的贫困、目睹父母之间的激烈矛盾等。——编者注

2 分离性身份识别障碍（Dissociative Identity Disorder，简称DID），以前被称为“多重人格障碍”，指具有超过一个（若是两个则称为双重人格）的人格存在，有如在一个身体里住着好几个灵魂。——编者注

3 泰勒·派瑞（Tyler Perry），美国演员、导演、编剧、制作人。他的童年生活非常贫困，并且他常常被父亲体罚。——编者注

病学和人类学等领域的工作成果的转化。这是写给所有人的书。

本书的书名《你经历了什么？》意味着视角的转变——我们要尊重过往经历的力量，它决定了我们当前的功能状态。这句问话来源于桑德拉·布卢姆医生的开创性研究团队，布卢姆医生是“避难所模型”（Sanctuary Model）的创建者，她在其著作中写道：

> 1991年的一天，我们在病房开了一个团队会议，试图阐述清楚我们在创伤的认知和应对上发生的变化，尤其是现在已被大家熟知的“童年逆境经历”——我们治疗的大多数人所遭遇的身心问题都是由此引起的。乔·福德拉罗是我们的持证临床社工，他讲话总是言简意赅。他说：“我们的根本性问题已经不再是‘你出了什么问题’，而是‘你经历了什么’。”

奥普拉和我相信，问出这个根本性问题——“你经历了什么”可以帮助我们每一个人更多地了解过去的经历——无论是好的经历还是糟糕的经历——是如何塑造我们的。我们分享这些故事和科学概念，希望每一位读者都能够以自己的方式获得对人生的洞察，帮助我们所有人拥有更美好、更充实的人生。

——布鲁斯·D. 佩里医生

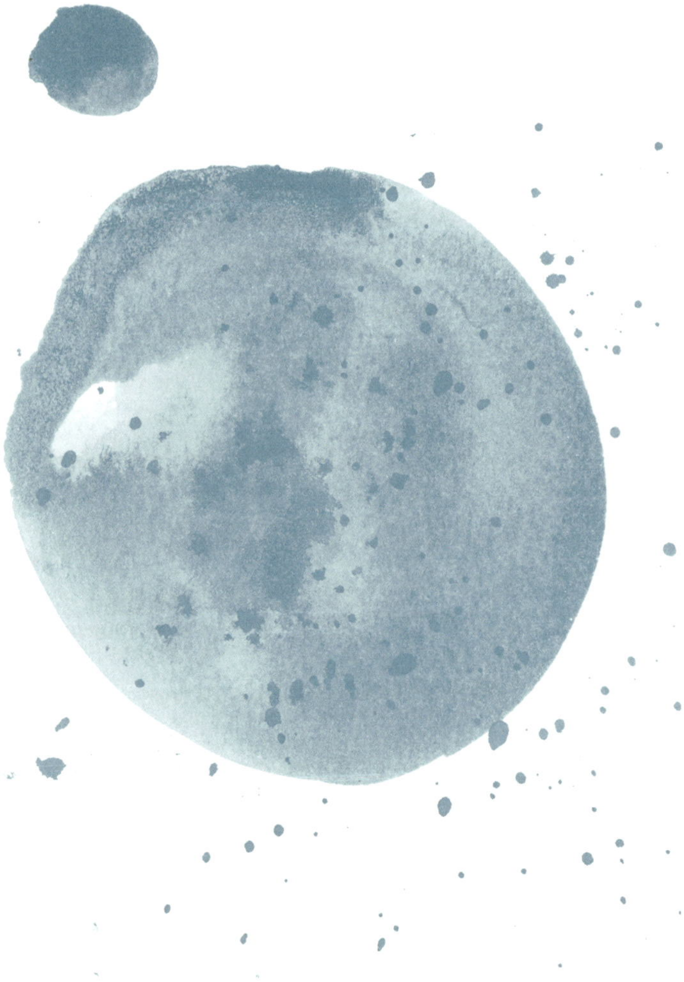

第一章

理解世界

那些让我们感到紧张、恐惧或者被孤立的体验可能只持续了几秒钟，也可能在许多年时间里一直存在，但它们全都会被深深锁在大脑中。我们的大脑逐渐发育，不断吸收新的体验，理解我们周围的世界，我们现在的每时每刻都由过去的所有时刻构建而成。

● 每年都有超过一点三亿新生儿诞生。每一个新生命在出生时就会进入属于自己的社会、经济和文化环境。有些孩子得到的是充满感激与喜悦的欢迎，被欣喜若狂的父母和家人抱在怀中。而另一些孩子，比如我，却会遇到一个只梦想着过另一种生活、对孩子缺乏关怀的年轻母亲，一对被贫穷压垮的夫妻，一个持续虐待孩子的暴力父亲。

但无论是否得到了爱，每一个现在和曾经的新生儿（包括你和我在内）都拥有一种极其重要的特质。尽管我们出生时的环境多种多样，但我们都是带着一种与生俱来的完整感进入这个世界的。我们在人生初始的时候不会问：我够不够好？我有价值吗？我值得被爱吗？

在最初产生意识的时刻，没有一个婴儿会问："我重要吗？"他们的世界是一个神奇的空间。随着他们开始呼吸，这些小人儿也开始尝试着理解周围的一切。谁会养育和照顾他们？什么东西能够带来安慰？对于许多孩子来说，生活从这个时候开始就出现了伤害，可能是因为照顾者暴力的性格，或者只是因为缺少安抚的声音和温柔的抚摸。在我们最初与世界相遇的时候，我们的个人体验就已经截然不同了。

在我的童年记忆里，最大的感受就是孤独。我的母亲维妮塔在密西西比的科修斯科长大。她和我父亲只在一起过一次，就在她从小居住的房子不远处的一棵老橡树下面。我的父亲弗农曾经对我说，如果不是他当时好奇我母亲的粉色蓬蓬裙下面是什么，我可能根本就不会出生。在那次奇妙相遇的九个月之后，我来到了这个世界。从我懂事时起，我就知道自己不受欢迎。我的父亲甚至不知道我的存在，直到母亲给他寄去一份出生通知，向他要钱买婴儿衣服。

我的外祖母哈蒂·梅的家里允许有小孩出现，但不能有小孩的吵闹声。我清楚地记得我的外祖父曾用手杖将我赶走——却不记得他对我说过话。外祖母过世以后，我就只能轮流跟随我的母亲和父亲生活。那时我母亲搬到了密尔沃基，我父亲在纳什维尔。因为我原先完全不认识他们，所以我很努力地想要加强和父母的关系的根基。我母亲在密尔沃基北岸区的福克斯角做女佣，负责照顾三个小孩子，薪水是一周五十美元。她根本没有时间再照顾我。我总是尽量不打扰她，不让她担心。母亲给我的感觉总是很疏远，对于我这个小女孩的需求也表现冷淡。她所有的精力都用来维持生计。我一直都觉得自己是一个负担，让母亲多了一个要养活的人。我几乎不记得自己曾经感受到被爱。从我记事时起，我就知道，我只能依靠自己。

我和很多遭遇创伤、受到虐待或者被忽视的人们交谈过，我能体会到经历过这些的孩子有多么痛苦。他们深切地渴望着被需要、被认可和被重视。这种渴望在他们心中占据了主导位置。这些孩子长大以后，他们会缺乏足够的能力判断什么是自己应得的。而如果这个问题得不到解决，随之而来的往往是一种混乱、堕落的生活模式——自我破坏、暴力、滥交和药物滥用。

这就是我们这项工作的起点——追根溯源。那些过往的经历，在我们意识到它们的影响之前，早已被我们的大脑和身体深深地记下了。

佩里医生帮助我认识到，那些让我们感到紧张、恐惧或者被孤立的体验可能只持续了几秒钟，也可能在许多年时间里一直存在，但它们全都会被深深锁在大脑中。我们的大脑逐渐发育，不断吸收新的体验，理解我们周围的世界，我们现在的每时每刻都由过去的所有时刻构建而成。

我很认同“一颗橡子中包含了橡树的全部”这个说法。通过我和佩里医生的对话，我更加确信这一点：如果我们想要理解橡树，就必须回到它还是橡子的时候。

——奥普拉

○ 在我们刚开始交流的时候，我记得奥普拉曾经问我：“你总是从大脑的角度出发看待每件事，你时时刻刻都在研究大脑吗？”简单地回答——几乎是这样。我常常研究大脑。我的专业是神经科学，从大学时起，我就一直在研究大脑和应激反应系统。我也是一名精神科医师，这是我在完成神经科学的学业以后从事的职业。我发现，当我试图去理解别人的时候，“从大脑的角度出发”对我很有帮助。

作为一名儿童精神科医师，人们经常会向我咨询一些令人不安的行为现象：为什么某个孩子的表现像婴儿一样？他就不能做些符合他年龄的事情吗？一个母亲怎么能在她的男朋友打她的孩子时袖手旁观呢？为什么会有人虐待孩子？那个孩子有什么问题？那个母亲有什么问题？她那个男朋友有什么问题？

在这些年里，我发现看似毫无意义的行为往往是有原因的。要理解这一点，就必须看到这些行为背后的问题。既然大脑是让我们能够思考、感觉和行动的器官，每当我试图去理解一个人的时候，我自然会想到这个人的大脑。为什么他们要这样做？是什么让他们采取这种行动？一定发生过什么事情，影响了他们大脑的工作方式。

我第一次能够从神经科学的视角来理解人类行为的时候，还是一名年轻的精神科医师，正在接受医师培训。我曾经为一位老人进行诊疗——迈克·罗斯曼，一个聪明、风趣、和善的人。迈克是参加过朝鲜战争的老兵，目睹过许多战场上的厮杀。他有着典型的创伤后应激障碍（PTSD）[1]症状，我会在后面深入讲解这个问题。他饱受焦虑、睡眠困难、抑郁和间歇性闪回的折磨，总感觉自己仿佛还在战场上。他借酒浇愁，又接着与酗酒做斗争，这使得他在家庭和工作中都冲突不断，最终导致了离婚、失业。

我为他治疗了大约一年。当时迈克已经能很好地控制酒量了，但他的其他症状依然存在。

有一天，他给我打来电话，非常不安地对我说："医生，今天我能来见你吗？这很重要。萨莉也想来。"萨莉是一位退休教师，一直在和迈克约会。迈克以前和我说过多次，他不想搞砸他们的关系。我能感觉到他语气中的急迫，同意了他的请求。

那天下午晚些时候，他们来到我的办公室，手牵着手并肩坐在长沙发上。萨莉轻柔地在迈克耳边说了些什么。迈克看上去有些羞愧。很明显，萨莉是在努力安慰他。他们看起来就像是一对紧张的少年。

迈克开了口："医生，你能向她解释一下PTSD吗？你知道，我就是因为这个才让生活变得一团糟。"他流下了眼泪，"我到底出了

1　创伤后应激障碍指个体经历、目睹、遭遇一个或多个涉及自身或他人的实际死亡，或受到死亡的威胁，或严重受伤，或躯体的完整性受到威胁后，延迟出现和持续存在的精神障碍。——编者注

什么问题？朝鲜战争已经是三十年前的事情了。”萨莉靠近他，将他抱紧。

我觉得有些不知所措——我真的能解释清楚PTSD吗？我迟疑了一下，转移了话题：“迈克，为什么你现在会这样问我？发生了什么事吗？”

“我们昨晚一起出门，吃了一顿美味的晚餐，打算再去市中心看场电影。突然，我发现自己趴倒在大街上，两边都是停着的汽车。我双手抱着头，心里害怕极了。我以为我们遭到了枪击。我的脑子里乱成了一团。然后我才意识到，应该是我听到了一辆摩托车的回火[1]声。那声音就像是枪响。我的西装裤膝盖的地方都磨破了。我全身都在冒汗，心跳快得要命。我感到非常尴尬，整个人吓得魂不附体，我只想回家喝个烂醉。”

萨莉说：“前一分钟，我们还手挽着手，但他突然就像回到了朝鲜战场，不停地大声尖叫。我蹲下去想要帮他，他却把我推开，还打了我。”说到这里，她停顿了一下，“那种情形大概持续了十分钟，我当时却感觉似乎只有两三分钟。请告诉我，该如何帮助他。”她又将目光转向迈克，“我不会放弃你的。”

“医生，请你告诉萨莉，我出了什么问题。”迈克恳求我。

那是在1985年。对于创伤后应激障碍的研究还处在非常初级的阶段。我只是一个没有什么经验的二十九岁的精神科实习医师，我对此还知之甚少。我说：“我不知道能不能给你们答案，但我知道，迈克并没有想要伤害你。”

“当然。”萨莉看我的眼神就好像我是个白痴——那时的我可能

1 回火指未充分燃烧的汽油在进气和排气的两个地方爆发小的爆炸，声音和枪声很接近。——编者注

真是个白痴。不过我虽然对临床工作还没有什么经验，但已经对大脑、记忆和应激反应有了一些了解。我想象着迈克在街上突然趴倒，寻找掩护。这时我的身份不是临床医生，而是神经科学研究者。当那辆摩托车回火的时候，他的大脑里发生了什么？我开始从大脑的角度来看待这个临床问题。

“我认为，这个问题的部分原因来自多年以前。迈克在朝鲜的时候，大脑适应了持续不断的威胁。那时他的身体和大脑对于外界任何与威胁相关的信号都过分敏感，会产生过度反应。为了在战场上活下来，他的大脑在枪声、炮声和极端生存反射激活之间建立了一个连接——这是一种特殊的记忆形式。”我停顿了一下，“这样能说得通吗？”

萨莉点点头，“他确实总是紧张不安。”

“迈克，我在办公室里见到过多次，哪怕只是关门声和走廊里推车经过的声音太大，你都会被吓到，感到恐惧。你一直都在警惕房间中的每一个角落。一点动静或者光亮的变化都会引起你的注意。”

迈克说：“如果你不伏下身子，你就会死。夜里如果你不保持警惕，你也会死。如果你睡着了，你就极有可能会死。”他茫然地盯着前方，眼睛眨也不眨。沉默了片刻之后，他叹了一口气，“我讨厌独立日，也讨厌新年。那时的烟花会把我吓得魂飞魄散。就算我知道什么时候会放烟花，我还是会被吓到——我觉得心脏都要从胸腔里跳出来了。我恨这种状态。每发作一次，我都会接连一个星期睡不着觉。”

“嗯，也就是说，最初那个被建立起来的适应性和保护性记忆还在。它还没有消失。”

“但他已经不需要那个记忆了。”萨莉说，“那个记忆让他的生活变得很悲惨。难道他就不能把它忘掉吗？”

“这是一个很好的问题。”我说，“这当中麻烦的地方就在于，在迈克的大脑里，并非所有与战争相关的记忆都存在于迈克能够用意识控制的地方。让我来解释一下。”

我拿出一张纸，画了一个倒三角形，用三条线将这个倒三角形分成四个部分。这是我第一次以这种方式演示大脑。三十五年以后，我们还在用这个基本模型来进行关于大脑、压力和创伤知识的教学。

“我们来看看大脑的基本结构。它就像是一块四层的蛋糕。顶层是大脑皮质，是我们人类大脑区域最独特的部分。”我开始在我画的图上标出不同的大脑区域介导的功能，如图一所示。

我一边标注，一边解释：“这个最顶层的系统负责语言、思考、做计划。我们的信仰和价值观都存储在这里。而且，有一点对你非常重要，就是大脑的这一部分可以识别时间。当大脑皮质处于‘在线’状态，被激活，我们就能回想过去，展望未来，知道什么事发生在我们的过去，什么事发生在当下，对吗？”迈克和萨莉点点头。

“好，现在，我们来看大脑底部——脑干。这一部分大脑控制的功能不是那么复杂，主要是调节功能，比如体温、呼吸、心跳等。在脑干区域没有可以进行思考和识别时间的网络。有时候，我们将大脑的这一部分称作爬虫脑。想想看，蜥蜴能做什么？它们不会做计划，也不会思考。它们基本上只是活在当下，对即时刺激做出反应。但我们人类有大脑顶层的这个部分——大脑皮质，所以我们能发明、创造、做计划和识别时间。”

图一 / 大脑模型

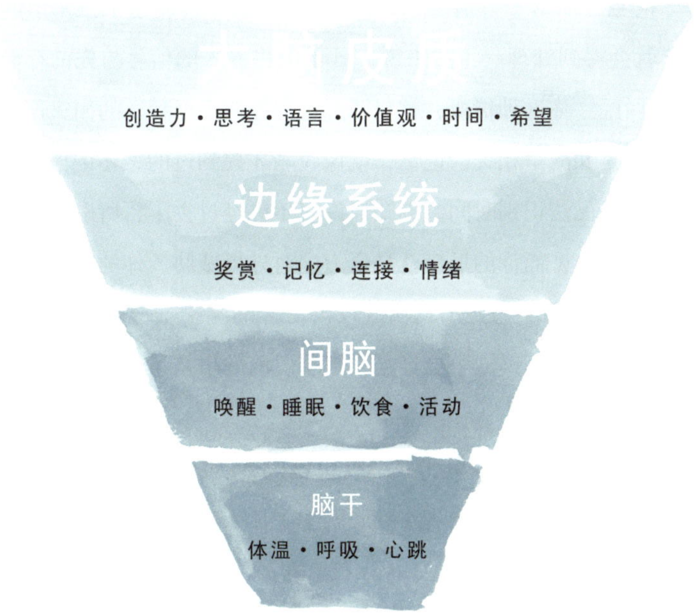

人类大脑的层级结构

大脑可以分为四个相互关联的区域：脑干、间脑、边缘系统和大脑皮质。脑干位于较低区域，也较为简单，从这一层向上直到大脑皮质，结构和功能都越来越复杂。大脑皮质介导最独特的人类功能，比如语言交流、抽象认知，以及反思过去和展望未来。

我停下来看了看他们，确认他们能跟上我的讲解，才继续往下说。

“我们所有的感觉输入[1]——视觉、听觉、嗅觉、味觉和触觉——首先会进入大脑较低的区域。这些感觉输入不会直接到达大脑皮质，而是首先连接到大脑的底部。”

他们点点头。

“信号进入脑干以后，”我让他们将注意力转向这个三角形的底部，“就会得到处理。一般来说，脑干会将输入的信号与先前存储的经验相匹配。你这种情况，就是匹配过程连接了摩托车的回火声和枪声，也就是和战争相关的记忆，就像我刚才提到过的，还记得吗？由于你的脑干无法识别时间，不知道许多年已经过去了，所以它会立刻激活应激反应，而你的反应就是全力应对外界威胁。你的感觉和行动都会表现为仿佛遭遇到了真实的攻击。你的脑干不会告诉你：‘嗨，不要大惊小怪，朝鲜战争已经是三十年以前的事情了。那个声音只是摩托车回火声。’”

看到他们听得很认真，我继续说道：“终于，信号到达了大脑皮质，大脑皮质能够分辨出现实到底发生了什么。但你在激活应激反应的时候，首先发生的一系列事情之一就是，大脑高级部分系统的功能，包括我们识别时间的能力，都会被关闭。也就是说，摩托车回火的信息最终会到达大脑皮质，但需要一段时间。在那之前，你的意识确实回到了朝鲜战场，然后你就会陷入困惑。你用了一整夜的时间才平静下来，对吧？”

“我整夜都没有睡觉。”迈克看上去非常疲惫，但明显是松了一口

---

1 感觉输入，即听觉、视觉、味觉、嗅觉、触觉、前庭觉、本体觉构成感觉系统来接收外界信息，再传入中枢神经处理，最后做出反应。——编者注

气，“这么说，我不是疯了？”

“当然不是。考虑到你过去的经历，你的大脑正在做你期待它做的事情。只不过曾经的适应性表现在环境发生改变以后变成了不适应。能让你在朝鲜战争中活下来的能力，现在却可能要你的命。我们必须想办法帮助你的应激反应系统不那么活跃和敏感。”

迈克的故事并没有结束，但理解了行为背后的原因，他和萨莉就不必再为此而感到困惑，这让他们轻松了很多。对我而言，这开启了一种更行之有效的方法，那就是把神经科学的原理应用到临床实践中。它阐明了唤醒记忆的线索——基本上所有的感觉输入，如视觉、听觉、嗅觉、味觉和触觉，都能唤醒创伤记忆。在迈克的例子中，摩托车回火声唤醒了复杂的、关于战争的记忆。这是我与奥普拉谈到创伤的时候最早分享的例子之一。

——佩里医生

● 奥普拉：当我听到罗斯曼先生的故事，我首先注意到的就是他认为自身有缺陷。他甚至会问："我出了什么问题？"但你关注的是"我经历了什么"而不是"我出了什么问题"——这正是我们要努力帮助别人做出的转变。

他的故事也帮助我真正理解了你所说的大脑"有顺序"的组织是怎么回事。

○ 佩里医生：在大脑中，所有体验都是自下而上处理的，也就是说，如果要让信息到达我们大脑顶部智慧的部分，就必须先经过大脑较低层级不太智慧的部分。这种处理顺序意味着我们大脑中最原始、最容易起化学反应的部分，会首先对来自我们感官的信息进行诠释并采取行动。重点就是：我们的大脑在我们开始思考之前就组织好了行为和感觉，大脑也是这样自下而上按顺序发育的。发育中的婴儿的行为和感觉，有助于组织形成他们思考的模式。

● 奥普拉：多年以来，你一直都在告诉我，一个人最早期的经历会产生最大的影响，因为那时大脑的发育速度最快。

○ 佩里医生："你经历了什么？"这不仅是你理解一个人的关键问题，它同样是你理解大脑的关键问题。换句话说，你的个人经历，你生活中出现的人，你所处的环境，都会影响你的大脑发育。其结果就是，我们每一个人的大脑都是独特的。我们各自的人生经历塑造了我们大脑中关键系统的组织和运作方式。所以，我们每一个人看待世界和理解世界的方式都是独特的。

罗斯曼先生的例子中涉及的创伤经历发生在他二十四岁的时候。

如果这样的经历能够改变二十四岁的大脑，那么想象一下，婴儿和儿童受到的创伤会对他们有多么大的影响。

从我们还在子宫时起，发育中的大脑就开始存储我们的人生经历。胎儿大脑的发育会受到一系列因素的影响，包括母亲承受的压力、服用的药物、摄入的酒精和尼古丁，以及饮食和行为模式。在最初的九个月里，大脑的发育是爆炸性的，有时可以达到每秒“诞生”两万个新神经元的速度。（相比之下，成年人在状态最好的一天也只会产生七百个新神经元。）新生儿出生的时候，有八百六十亿个神经元。这些神经元会继续增长，相互连接，构建成复杂的网络，让新生儿开始理解他们所处的世界。这一过程极为复杂，至今还没有任何研究者能讲清楚。不过我们还是知道一些基本原则，可以帮助我们在这次对话中了解这种发育和创伤之间的关系。

我们的外感官——视觉、听觉、嗅觉、味觉和触觉——监测着我们身体外部的情况，为此它们需要依赖感觉器官——眼睛、耳朵、鼻子、嘴巴和皮肤。当这些器官受到光线、声音、气味或触摸的刺激时，特定的神经元就会将信号送入大脑。

我们的感觉系统会告诉我们身体内部发生了什么，这被称为内感受性。它让我们产生另外一系列感觉，比如口渴、饥饿和呼吸困难。所有从外部世界和内部世界输入的感觉信号不断反馈到大脑，让相应的系统得以激活，确保我们的健康和安全。如果我们渴了，就会去找水；如果我们饿了，就会去找食物；如果我们感到有危险，就会激活应激反应系统。

大脑会对每一个感觉输入进行分类，将其送往倒三角上层的脑区，进一步进行整合和处理。这会让我们的每一段经历都有越来越丰富和详细的版本，因为各种输入会根据它们被分类的方式连接在一起。比如，大脑会将一些视觉信号和与其同时出现的听觉（声音）、触觉（触感）和嗅觉（气味）信号送往同一个区域。这些来自同样经历的不同感觉——视觉、听觉、嗅觉就会开始和行动连接，成为我们理解世界的开始。

当我们的大脑开始创建存储了这些连接的复杂记忆时，我们的个人经历目录也开始创建起来。随着我们的成长，我们在不断理解身边发生了什么：那个声音代表着什么？有人在抚摸我的后背，又意味着什么？他脸上的表情是什么意思？当这种气味出现的时候，发生了什么事？

和一个孩子目光接触意味着“我关心你，我对你有兴趣”，但对于另一个孩子，这可能意味着“我要向你大吼大叫了”。在生命早期的每一个时刻，我们不断发育的大脑都会分拣和存储我们的个人体验，创造出我们的个人编码簿，帮助我们诠释这个世界。我们每一个人都会创造出一个独特的世界观。

想象一下，在新生儿出生的瞬间，他们的感官世界会发生怎样的戏剧性变化。他们的世界曾经是温暖、黑暗、有节拍的。在他们出生那一刻，世界突然充满了图像、声音、温度变化和暴露在空气中的感觉。他们的大脑受到全新的感觉输入模式的冲击。当你还是婴儿的时候，这个世界的大部分元素都是新的，你的大脑会非常迅速积极地去建立这些新连接。生命最初几年的经历与其他阶段相比，对于你的大脑组织形式有着不可比拟的强大影响力。

● 奥普拉：我从你的研究中学习到的最重要的事情之一，就是孩子吸收的信息要远远超出我们的想象。一个人年纪越小，对情感氛围就越敏感。人们以为在小孩子面前可以随意骂人，甚至可以表现得很暴力。我已经做了几百期节目，许多母亲在节目上说：“嗯，等孩子再大一点，我就会离开他那个暴虐的父亲。”她们以为孩子还小，什么都不懂，但实际情况恰恰相反。

○ 佩里医生：是的，恰恰相反。一个人年纪越小，越需要依赖照顾者——父母和其他成年人——来帮助他理解这个世界。在某种程度上，小孩子正是通过这些成年人的筛选过滤来了解世界的。

年龄很小的孩子也许听不懂某个具体的词语，但他们能感觉到交流中非语言的那些部分，比如说话的语气。他们能感觉到愤怒话语中的紧张和敌意，消极话语中的疲惫和绝望。大脑在生命的最初几年发育速度非常快，会产生成千上万个关于这个世界如何运作的联想。这些早期体验对于婴儿和儿童都有重大影响。

举例来说，如果一个孩子有个经常使用暴力的父亲，他的大脑就会将男人与威胁、愤怒和恐惧联系在一起，会认为男人就是危险的，会伤害他和他爱的人。如果这成为他根深蒂固的世界观，想象一下当他长大后面对一位男性教师或者教练的时候会怎样？想象一下，他会如何看待母亲生活中出现的精神健康的、没有暴力倾向的新伴侣？

● 奥普拉：当你还没有发展出语言能力，无法描述你所看到的和感觉到的，你只能感知情感氛围。而那种家庭中的情感氛围……实在是太可怕了。

○ 佩里医生：就像你形容的那样，那种情感氛围也就是整个环境的基调。

● 奥普拉：是的，我相信每一种环境都有一个基调。如果你作为陌生人走进一个家庭，不需要说话，你就能感觉到这是不是一个充满爱的地方。就像你能感觉到有什么不对劲一样。你也许还不知道是怎么回事，但就是有些地方不对劲。

○ 佩里医生：同样地，当你走进一家幼儿园，你说："哇，这里的环境真不错。"这说明你能感觉到那种氛围、那种基调。在同一所学校，你走进不同的教室，说："嗯？这里出了什么事？"这种感觉是如此强烈，说明我们大脑中的部分区域对于非语言线索非常敏感。在我们的社会里，这种能力被低估了。我们只重视口头和书面交流，但实际上大多数沟通是非语言的。

● 奥普拉：你告诉过我们，当一个人在生命最初的两年，也就是从出生到两岁的时候，在他发展出可以对事情做出诠释的能力以前，如果他经历了创伤，对大脑造成的冲击会比他能够使用语言对创伤进行诠释之后更猛烈。

我想到了那些很小就遭到性侵的孩子，他们无法用语言描述发生了什么。这种经历通过某种形式被深深锁入大脑。如果那些孩子能够用语言表达自己的遭遇，情况就会不一样。

○ 佩里医生：你所描述的是一种记忆形式。让我们回到我为罗斯曼先生画的那个倒三角上。

我们身体中的每个生物系统都会以某种方式对我们的经历做出反应。从某种意义上来说，这些反应都是过往经历的记录——或者从根本上来说，就是记忆。神经元对于外部体验非常敏感。大脑每个部位的神经网络都能产生记忆。记住名字、电话号码，还有把钥匙放在了什么地方，这是大脑皮质神经网络的功能之一。我们还有情感记忆：一首歌能够引发一种感觉，让我们联想起多年以前的经历；烤火鸡或者新鲜出炉的面包的香气可能会唤起一种温暖的归属感，或是一种过去时光已逝的失落感。这些感觉来自存储在大脑边缘系统和大脑其他区域的神经网络的连接。又比如前庭神经记忆——像胎儿一样蜷缩起来本质上是一种记忆行为，它被存储在大脑较低层级的神经网络中。而创伤经历可以产生复杂的记忆痕迹，涉及大脑的所有区域。

就像我们已经提到过的，大脑是按照顺序发育的，自下而上，由内到外，从脑干的基本功能到大脑皮质的复杂功能。大脑中的每一个区域都有创造记忆的功能——都可以对应外部体验发生改变，并将这些变化存储在特定的神经网络中。

儿童的大脑皮质尚未完全发育。三岁以下的儿童，大脑皮质神经网络还不够成熟，无法形成所谓的线性陈述性记忆，也就是关于何人、何事、何时、何地的记忆。但在大脑的较低层级，其他神经网络已经开始发挥作用，会因为我们最早期的经历发生改变。连接——或者说是记忆——在大脑的较低层级中不断产生，这对儿童大脑中的创伤存储方式有着巨大的影响。

如果一个孩子遭到虐待，他的大脑可能会将施暴者的特征（比如头发颜色、说话声调）或者施暴的环境（比如当时播放的音乐）与恐惧感进行连接。这种复杂和混乱的连接会在受虐待者随后人生中的许多年里影响他的行为。比如在餐馆里，一个褐色头发的男性侍者来到你面前，为你点菜，你将有可能因为恐慌而攻击他。但因为没有牢固嵌入的认知记忆，也就是说，没有线性陈述性记忆，这种恐慌常常会被解释为随机发生的，与以前的人生经历没有关系。

当一个人在小时候经历过创伤，就会出现伴随他终生的执念和行为。最严重的表现形式之一，就是幼时遭受的性侵会毒害成年后的亲密关系，而当事人甚至对自己被侵犯的经历没有具体记忆。

● 奥普拉：《奥普拉脱口秀》中有二百一十七期节目都聚焦于性侵。我看到了大多数受害者都深受影响，包括我自己。当你被培养成一个逆来顺受的人，任何形式的对抗都会让你感到不舒服，因为从来没有人告诉过你，你有权利说“不”。实际上，你得到的教导是不能说“不”。你觉得自己没有资格，设立边界的意识早已被你自动清除。许多人通过隐藏自己说“不”的情绪，来取悦他人。我也曾经陷入这种状态。多年来，我都对我明知不想做的事情说“好的”，我会逃避艰难的对话，因为我受不了为自己争取利益带来的不适感。我认识的其他许多受创伤者，总是会故意破坏局面，直到别人对他们说“不”——这意味着关系的结束，失去友谊，甚至失去工作。当你说到毒害亲密关系的时候，我就想到这些。

到现在为止我们已经讨论了很多极端经历，比如性侵、儿童虐待、战争，但能够造成创伤体验的并不止这些。这个术语实际上适用于生活中许多广泛的事件。

这方面最有代表性的例子莫过于克里斯和黛西的故事。他们最早出现在《奥普拉脱口秀》关于离婚家庭儿童的一期节目里。那时克里斯七岁，他的姐姐黛西十一岁。他们承受了父母离婚的创伤，而且之后连续几年，他们和母亲都没有任何联系。克里斯最后一次见到母亲的时候刚刚四岁，他对母亲的想念简直令人心碎。他相信，如果他能攒下钱为母亲买一枚戒指，母亲就会回到他身边。他的话让我受到很大震动。

而黛西的伤痛则表现为愤怒。“她不应该在结婚以后还有男朋友。”她对我说。她指的是她的母亲，那个本应该无条件地爱她、成为她最好的人生导师的女人，却从她的生活中消失了。黛西将这种情况描述成“难以忍受的痛苦”。

在那次节目中，拉比兼家庭治疗师 M. 加里 · 纽曼告诉我，对于绝大多数儿童来说，经历父母离婚就像经历一场死亡。他解释说，孩子不会将父母看作两个分开的人结合在一起，他们看到的是一个家庭中的一对父母组合。所以，就算离婚可能对这个家庭整体而言是最好的选择，但孩子还是会感觉自己的一部分被撕裂、被夺走了。如果父母中的一方不再履行义务，或者在孩子能够建立信任之前突然向不稳定的家庭中引入一段新的关系，这些都会对孩子大脑中塑造自我价值感的区域造成冲击。自我意识影响着我们的每一段关系，以及我们在生活中做的每一个决定。当父母做出决定的时候，如果孩子感觉不到他们受到了尊重，他们对自我价值的信念就会崩塌。

父母的分手会对孩子造成创伤——我最早就是从克里斯和黛西那里知道了这一事实。有些人认为，孩子越小，就越容易接受新的关系，克里斯和黛西的故事则向我证明了这不是真的。

我知道你的研究也表明了同样的观点。请从神经科学的角度给我们解释一下，在这种情况下，孩子的大脑中会发生什么？

○ 佩里医生：当一段新的关系进入生活，会发生两件事。首先，孩子，哪怕是个婴儿，都会在心里产生疑问：“这个人是谁？这到底是怎么回事？”其次，他们会感觉到父母的注意力离开了他们，转移到其他人的身上。于是你会看到，这种变化让他们变得不安，哪怕没有发生过任何敌对、虐待和侵略性事件。

● 奥普拉：也就是说，哪怕这种关系相对而言是健康的？

○ 佩里医生：是的。即使是一个非常善良、和蔼、有教养的人进入孩子的生活，孩子也需要很长时间才能理解这种变化，回归到平静的、调节良好的状态中。我们稍后会讨论到，任何新的变化都会激活我们的应激反应系统。

我们对于新事物的自动反应是："哎哟，这是什么？"在这个新事物被证明是安全的和积极的之前，它都会被归类为潜在的威胁。对于大部分人，这种对新事物的未知是焦虑和崩溃情绪产生的主要原因之一。

如果新关系带来了冲突，那么情况只会更糟。比如说，母亲的新男友冲孩子大吼大叫，这种体验会被处理并存储在大脑皮质中，成为线性陈述性记忆——何人、何事、何时、何地："星期一，妈妈的男朋友来到我家，冲我大吼。"同时它还会被存储在大脑更深处。当那个男朋友吼叫时，孩子的应激反应会被激活。由大脑较低层级主导的关键调节系统会让孩子心跳加速，肌肉张力增强，向身体发出信号，做出"战斗或逃跑反应"（fight-or-flight response）[1]。恐惧会让你停止思考并强化这种感觉，孩子会感到害怕。他的大脑在试图理解整个体验时，同时制造出创伤记忆。

之后，当这个孩子接触到一个触发点或者唤醒线索时，他的大脑就会回想起那个创伤体验，他的心率就会加快，身体姿态会发生改变，身体内部的多种激素水平都会发生变化。关键问题是，我们的身体的核心调节系统可以被创伤体验改变。暴露在不可预见的或者极端压力下的孩子将陷入我们所说的失调状态。

---

1 战斗或逃跑反应是心理学、生理学名词，1915年由美国心理学家沃尔特·B.坎农（Walter B.Cannon，1871—1945）创建，他发现机体经一系列的神经和腺体反应将被引发应激，使躯体做好防御、挣扎或者逃跑的准备。——编者注

● 奥普拉：生活在创伤环境中，会导致孩子持续处于失调状态。

○ 佩里医生：是的，比如说，如果一个孩子目睹过父母之间在语言、情感或者身体上的暴力冲突，或者直接受到过父母的新伴侣的虐待，他的大脑就会将施虐者的全部特征与威胁连接在一起。这种连接将会影响孩子长大以后对关系的体验和理解。

● 奥普拉：这就形成了你所说的“个人经历目录”或者“编码簿”（见第26页），它们构成了我们感知世界的视角。

○ 佩里医生：是的。这种生命早期的连接具有不可思议的力量和广泛影响。我曾经在一家儿童精神病医院的长期住院部做顾问，那里有大约一百名男孩，年龄从七岁到十七岁不等。这些孩子全都是“国家儿童”——因为受到虐待或者忽视而离开他们的原生家庭，由国家负责监护。他们也曾经在寄养家庭生活过，但百般努力也无法适应，于是被安置在这个长期住院部。他们居住的地方类似于宿舍，大部分孩子都在住院部内部的学校就读。

我在那里遇到了一个名叫塞缪尔的十四岁男孩。他七岁的时候，儿童保护中心（Child Protective Service，简称CPS）[1]将他和他的四个弟弟妹妹从他们的原生家庭带走。那时他们的父母根本不管他们，塞

---

1 儿童保护中心是美国州政府设立的社会服务部门中的一个分支机构，负责针对儿童虐待和儿童忽视（包括性侵）的情况进行评估、调查和干预。如果孩子受到虐待或忽视，儿童保护中心和执法人员会决定孩子能否留在原生家庭中。如果孩子有遭受虐待的危险，美国卫生及公共服务部和执法部门有权将其带离家中，法庭也可以授权公共服务部或执法部门将儿童安置在保护性监护之下。——编者注

缪尔担负起了照顾和保护弟弟妹妹的责任。父亲喝醉时，就在塞缪尔身上发泄，对他拳脚相加。塞缪尔的弟弟妹妹被送去了不同的寄养家庭，他一直为此而心烦意乱，不断逃离自己的寄养家庭，去寻找他们。他曾经被十二个家庭收留过，上过十二所学校，在十一岁的时候被送到长期住院部。我们做的第一件事就是让他和自己的弟弟妹妹们取得联系，安排他每周和他们通电话，每个月见面。知道弟弟妹妹们是安全的，有人爱他们，塞缪尔终于安下心来。直到那时，艰难的治疗工作才正式开始。

在接下来的三年里，塞缪尔有了巨大的进步。他的社交能力得到提高；在遭遇挫折和失望时能够很好地自我控制；他变得充满希望，更专注于未来。尽管之前混乱的生活让他在学校里落后了三个年级，但他努力赶了上来，进入新的班级读书。

塞缪尔的新老师是位男性，精力充沛，受人欢迎，经验丰富。在塞缪尔就读于新班级的第一个星期，就有三次严重的情绪爆发，其中两次直接针对他的新老师。当时他表现得非常有攻击性，充满暴力，校方不得不用强制手段把他绑了起来。这在长期住院部是一种非常极端的干预行动。塞缪尔出现这样的行为也极为不同寻常。不幸的是，这种情况不断发生。那位老师也感到困惑和沮丧，塞缪尔则陷入了深深的抑郁和羞愧。

我和老师回顾了每一次事件，我们都没有发现任何明显促使塞缪尔情绪爆发的触发因素。我观察了塞缪尔的课堂，也没有发现这位老师有任何不当或潜在的挑衅行为。但只要他和塞缪尔交谈，或者想要给塞缪尔任何帮助，塞缪尔都会明显地流露出焦虑不安的神情。据我观察，他们两个人的相互靠近是唯一可能的导火索。老师距离塞缪尔越近，塞缪尔的焦虑就越严重。渐渐地，那位老师开始回避与塞缪尔的一切互动——没有眼神的接触，没有语言的鼓励，连一个微笑都没有。他在情感上和身体上都疏远了塞缪尔。很明显，他们两个都不喜欢对方。

有一天，我和塞缪尔谈起这个问题，他对此的解释就是："他讨厌我，所以我做什么都不对。"我们的交谈被一位工作人员打断了，他提醒塞缪尔，该去和父亲见面了。这种探望必须有人在旁边监督，但当时负责监督的社工还没有到，于是我自告奋勇陪伴塞缪尔。

我们走进一个会议室。我坐到角落里，等待塞缪尔的父亲到来。塞缪尔坐在会议室的桌子旁，桌上摆好了西洋跳棋。我们就这样等着。他的父亲已经不是第一次迟到了。终于，房门打开，塞缪尔的父亲走进来，坐到塞缪尔对面。他们有些尴尬地互致问候，开始一起玩西洋跳棋。之后的十分钟里，他们的交流大概只有十个词。两个人都没有看对方一眼。房间里弥漫着高度紧张的气氛。

他们下棋的时候，我开始走神。我发现我在想我的父亲。我们在加拿大弗林弗伦（Flin Flon）的北边捕鱼。他在清晨五点的时候把我从香甜的睡梦中叫醒，带我出去捕鱼。他穿着一件红格子法兰绒猎装，身上散发出他特有的气味——雪茄、汗水和"老香料"[1]的混合气味。那种气味让我感到温暖和安心。我沉浸在一种被安全和爱意包围的强烈感觉中。

我回过神来，感觉老香料的气味仍然飘浮在房间里。这怎么可能？我走到桌边，向塞缪尔和他的父亲俯下身："棋局如何？"

---

1 老香料（Old Spice）是美国宝洁公司的沐浴露、须后水和止汗露品牌。——编者注

他父亲说：“他要赢了。”我能从他的呼吸中闻到酒精的气味。还有，他用了不少老香料的止汗露，想要把酒味遮住。他来看塞缪尔的时候不应该喝酒。

探望结束以后，我去见了塞缪尔的老师。他正在教室里准备第二天的课程。“我这么问可能有点奇怪，”我说道，“我想知道你用的止汗露是什么牌子的？”

“老香料，怎么了？”

我拿过来纸笔，画了大脑的倒三角模型。我们用一两分钟讨论了关于记忆、连接和触发。我告诉他，我认为老香料的气味是塞缪尔的唤醒线索（就像罗斯曼的唤醒线索之一是爆炸的声音）。

那位老师同意以后改用无香型止汗露。

那天下午晚些时候，我请塞缪尔和我坐在一起。我向他说明了我的推测——是什么让他感到不适，对老师很愤怒。我同样给塞缪尔画了那个大脑的倒三角模型，给他讲了我们的大脑是如何通过连接共同的画面、声音和气味来理解世界的。他点点头，认为我的话很有道理。然后他又告诉了我另外一些会触发他情绪开关的事情：如果有人喊叫，他就很想逃走、躲起来；如果有大个子在欺负小个子，他就想要攻击对方。我问他，是不是愿意和那位老师一起坐一下，看看能不能修复他们的关系。

塞缪尔和老师都同意再给彼此一个机会。一年之后，他们的关系变得越来越好，塞缪尔也成了那个班的模范学生。

塞缪尔的故事很好地表明了大脑存储记忆的方式。他和我的大脑都在生命早期创造了关于老香料这个品牌气味的记忆连接。我的连接会引发积极的感受，他的连接却会引发痛苦和恐惧。我们生活在这个世界上，数不清的声音、气味和画面都会引发我们在生命早期创造的记忆。这些记忆可能是对某一特定事件的全面回忆，也可能只是零星的碎片——一种感觉，某种印象，似曾相识。

当我们遇到一个人时，我们会形成第一印象（“他看上去像是个好人”）。通常这种印象都没有明显的信息作为依据，只是因为这个人的特质唤醒了我们大脑中先前已经被归类为熟悉和积极的记忆；或者情况完全相反（“这个家伙简直就是个浑蛋”），这应该是他的某种特质触发了我们过去的负面体验。

我们的大脑分类并记录了大量来自我们的家庭、社区和文化环境，以及媒体呈现给我们的各种信息。随着大脑对它所存储的内容做出理解，我们就开始形成了世界观。如果我们之后遇到一个人，他身上的特质和我们所记录分类的信息都不一样，我们的第一反应就会是警惕和防御。此外，如果我们大脑中的连接全都是媒体所宣扬的关于完美身材的偏见，或者是关于种族和文化的刻板印象，我们就会表现出隐性偏见（甚至可能是显性偏见）。

大脑创建连接，创造记忆，并以这种方式来理解世界。我们日常生活中的许多现象都与这一过程直接相关。正因为如此，“你经历了什么”这个问题，对于理解一个人当下的状态才会如此重要。

第二章

寻求平衡

对于因创伤而导致应激反应系统发生变化的人，寻求平衡会成为一种令人精疲力竭的挑战。为了避免痛苦，人们可能会采取极端的调节手段，比如成为一个取悦者，不断顺从他人的要求，努力给别人他们想要的东西，保持低调，不惹任何人生气。你会发现自己做的许多事都是为了避免冲突，确保与你互动的人感到满意。

● 你会经常想到自己的心脏吗？

在你出生以前，这部神奇的机器就已经在一刻不停地将生命能量泵到你的全身各处。日复一日，它每天至少要跳动十一万五千次，只是为了让你活下去。

向每个细胞、组织和器官输送必要的营养，这是非常复杂的生理任务，但心脏的功能还不止于此。你的心跳还会调节你的情绪能量。强劲、平稳的节律能够给你带来一种平静的感觉。而快速并且不连贯的心跳甚至会让最健康的人也感到恐慌。

在我快五十岁的时候，有一段时间，我注意到自己的心脏发生了变化，心跳变得非常快。我立刻就想到最坏的情况。一天晚上，我突然惊醒，感觉到心怦怦直跳。我平生第一次觉得自己快要死了。

我用了六个月时间才明白到底发生了什么。在录制《奥普拉脱口秀》的演播室门外，我在一张桌子上看到了一本书，并从那本书中知道，心悸可能是更年期的一种表现。一位医生向我证实了这一点，我的身体的确在经历更年期的变化。那一刻我感觉如释重负。在放松下来的同时，我又产生一种敬畏。对我而言，这些直接来自心脏的信息，是我和我独特的生物系统建立的最强大的连接之一。它们证明了我的信念：我的身体一直在对我说话。

你也是这样。从出生时起，你的心脏就持续不断地向你发送与健康状态有关的信息。它与你的身体和心理健康的细微变化密切相关。当它发出警告的时候，你身体的每一部分都会感受到它的威力。

自从我的心脏出了状况以后，我就开始对这种从不会松懈的体内警报怀有深深的感激。当我们承受压力的时候，它的节律变化是给我们的最好提醒。

但正如我从佩里医生那里学习到的，持续的高度警觉状态会对你的整体身心健康造成破坏性的影响。长期压力与焦虑、抑郁、中风、心脏病和糖尿病等疾病之间的相关性是真实存在的。

在我二十多岁的时候，我第一次遭遇挑战，我意识到，必须尽快调节自己的压力了。当时我找到了一份记者工作，每周要工作上百个小时。我想和团队成员好好合作，却感觉自己越来越不合拍。就像我之前所说的，童年时期的创伤经历，包括离家出走、被性侵和经常性的鞭打，让我习惯了取悦他人，哪怕这样做会耗尽我的能量。所以，即使我感觉到身体发出了压力信号，我也选择无视，我用唾手可得的“药物”——食物来安慰自己。我的生活越混乱，我就越想要寻求解脱，让那些压力信号消失。

我明白这是在背叛自己。我知道我的能量是有限的，知道它需要保存和恢复。但我用了几十年时间才懂得如何按照自己的节律生活。

现在，当我开始感觉自己就要垮掉的时候，我会暂时后退一步。我学会了说“不”。如果我身边有人在消耗我的能量，我会设立屏障——一堵无形的墙，只为了把那个人的负能量拒之门外。

我还创造了一个神圣的私人空间——把星期天空出来，作为我重启自我的时间，允许我只和自己相处，只做我自己。如果这段时间受到干扰，有人打破我的平静状态，我就会变得敏感易怒，很容易陷入焦虑，会因为要做决定而苦恼——我不想成为这样的人。对我来说，要恢复自身的节律，最迅速和最有效的方式就是去大自然中走一走。只专注于自己的呼吸、稳定的心跳，认真观察一棵树的静止、一片树叶的复杂，把自己放在万事万物的中心。

音乐、笑声、舞蹈（哪怕是只有一个人的派对）、手工、烹饪——找到那些能够自然而然让你感到舒缓的事情，它们不仅能调节你的情感和心智，还能帮助你对自己和这个世界的美好保持开放的心态。

——奥普拉

● 奥普拉：我记得和你一起在女子领导力学院的校园里散步，看着女孩们跳舞、唱歌，一起说笑着从一间教室走到另一间教室。那时你已经在学生身边工作了超过十年。你好像说过："这里能让她们学到很多东西。"后来我们又讨论了为什么节律如此重要。

○ 佩里医生：节律对于健康的身体和心智都是至关重要的。每一个人都能想到一些让他们感觉更好的节律，比如散步、游泳、音乐、跳舞、海浪拍打沙滩的声音……

● 奥普拉：所以我们会在婴儿哭泣的时候轻轻摇晃他们。我们是在帮助婴儿找到属于自己的节律，帮他们平静下来。

○ 佩里医生：是的，这样也能帮助我们平静下来。我们身边的人的情绪是会传染的。当我们的孩子感到不安时，我们也会不安。所以我们会把孩子抱在怀里，来回走动，那样我们就创造了一个让自己感到舒缓的节律。如果这样做没有效果，我们会慢慢转变模式，直到婴儿进入良好的调节状态。最终是婴儿的反应决定了我们会采用何种类型的抚慰方式。

随着我们逐渐长大，我们会找到属于自己的调节方式和节律。一些人喜欢散步；另一些人会沉浸到工作中或者骑自行车。感觉到步调紊乱、焦虑或沮丧的时候，每个人都有自己的调节方式，而这些方式中共同的元素就是节律。节律可以调节我们的状态。

● 奥普拉：在描述心智、身体和心灵的整体平衡时，人们会说"身心健康”（wellness），但你讲到了“调节”（regulation），这个说法是什么意思？

○ 佩里医生：调节也和平衡密切相关。我们的身体有八大系统，在神经和内分泌系统的调节下，互相联系，互相制约，让我们身体内的各种生命活动能够正常进行。

当生活中的某些挑战让我们失去平衡的时候，压力就会产生——偏离调节好的“设定值”，失去平衡，进而开始失调，感觉到不舒服和痛苦。只有恢复平衡，我们的感觉才会好起来。摆脱痛苦——恢复平衡——激活大脑中的奖赏系统[1]。所以我们回到平衡状态时会感觉快乐——比如从寒冷到温暖，从干渴到滋润，从饥饿到饱足。

● 奥普拉：那么调节就不仅仅是一个生物学概念。在生活中的各个方面，我们都在寻求我们需要的调节好的稳定和平衡。

○ 佩里医生：是的，平衡是健康的核心。当我们的身体系统处于平衡状态，当我们与朋友、家人、社会和自然保持平衡时，我们的感觉和功能才会达到最佳状态。

● 奥普拉：对于父母而言，真正重要的是认识到你刚刚所说的——“自我调节”（self-regulation）实际上是从婴儿时期开始的。当婴儿哭泣的时候，他们可能是饿了、渴了、累了，或者是该换尿布了，或者

1 大脑奖赏系统在大脑内部的腹内侧前额叶皮质和腹侧纹状体中，在这里，特殊神经元释放神经递质多巴胺，给人带来喜悦，让人感觉良好。——编者注

是想要被抚摸。因为他们无法自己进食，无法给自己换尿布，所以哭泣是他们让自己恢复平衡的办法——让照顾他们的人做好该做的事，从而让他们回到平衡状态。如果照顾者没有回应，就会出问题。婴儿不能重新进入平衡状态，会变得更加痛苦。

○ 佩里医生：是的，如果我饿了，我会起来给自己做一个三明治——我可以进行自我调节。但就像你说的，婴儿只能依赖照顾者的帮助，从外部得到调节。随着时间推移，这些能够积极回应的照顾者会帮助婴儿的大脑建立自我调节的能力。在帮助婴儿调节痛苦情绪的时候，我们最有力的工具之一就是节律。

● 奥普拉：为什么这么说？

○ 佩里医生：所有生命都是有节律的。自然界的节律已经嵌入我们的生物系统，这从子宫时期就开始了。那时，母亲的心跳会产生有节律的声音、压力和震动，被发育中的胎儿感知到，向正在成形的大脑输入持续不断的节律信号。这些体验会创造强有力的连接——其本质就是记忆——将每分钟60～80次的节律和平衡的感觉连接在一起。每分钟60～80次是成年人的平均静息心率[1]。胎儿感受到这种节律的时候，也就是处于平衡状态的时候，与之伴随的感觉是温暖、满足、滋润、安全。出生以后，这个节律仍然可以让婴儿感到舒适和安慰。而缺乏节律，或者高频率的、多变的、不稳定的感觉输入模式，都与威胁感相关联。

1 静息心率指在清醒、不活动的安静状态下，每分钟心跳的次数。——编者注当我们轻轻摇晃哭闹不安的婴儿，这种有节律的运动就会激活关联安全感的记忆。婴儿会感到身处平衡状态，从而平静下来。

另外，如果照顾者在轻摇婴儿的同时对婴儿微笑、轻柔拍打、提供温暖和关爱，就会强化节律和良好的调节状态之间最初建立的连接记忆。照顾者的气味、抚触、微笑和声音也和安全感连接在一起。身心健康的根基就是节律和良好的调节状态。当我们给予婴儿细致的关注、及时的回应，并尽心养育，婴儿的大脑调节之树（Tree of Regulation）的根系和主干也就搭建起来了（见图二）。

● 奥普拉：也就是说，当你在充满关爱、支持、被尽心养育的环境中长大，你哭泣的时候有人会回应你的需要，你的大脑调节之树就会发育成长。大脑网络让你能够进行自我调节，建立健康的人际关系。

○ 佩里医生：是的，这一点非常重要，值得仔细研究。首先，就像我们讨论过的，我们有重要的神经网络负责调节——其中包括我们的应激反应系统；其次，神经网络还负责建立和维护人际关系；最后，神经网络还负责奖赏[1]。当这些神经网络都被激活，它们就会让我们感到愉悦。当这三个系统开始连接在一起，就创造了我们的基础记忆。所以我们从其他人那里得到表示接纳和温情的信号时，会感觉处于平衡状态，还有那种得到奖赏的愉悦。一个人构建关系的能力，帮助他人调节以及自我调节的能力，给予他人奖赏以及获得奖赏的能力，是

1 当一个人做出某一决策后，如果被证实正确并产生了好的结果，大脑会向负责决策的区域发送奖赏的信号，这会促进人的认知能力进一步提升，形成良性循环，被称作“奖赏效应”。——编者注

图二 / 大脑调节之树

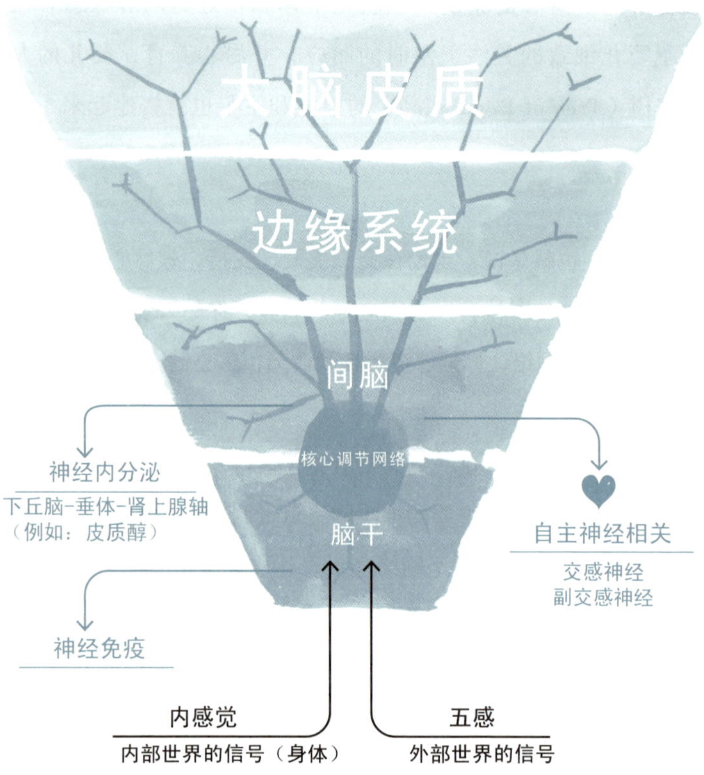
大脑皮质
边缘系统
间脑
核心调节网络
脑干
神经内分泌
下丘脑-垂体-肾上腺轴
（例如：皮质醇）
自主神经相关
交感神经
副交感神经
神经免疫
内感觉
内部世界的信号（身体）
五感
外部世界的信号

大脑调节之树由我们身体中的一系列神经网络组成，它们的作用是帮助我们处理和应对压力。我们习惯用“压力”这个词来表达负面意象，但压力其实只是反映了我们身体中一个或多个生理系统的需求。饥饿、口渴、寒冷、做计划、职场晋升，这些全都会带来压力。压力对个人发展有着积极的作用，也是成长中不可或缺的部分，是学习、掌握新技能和提高复原力[1]的关键要素。而决定压力是积极的还是具有破坏性的关键因素是压力的模式，如图三所示。

我们有一组核心调节网络或神经系统。这些神经系统起源于大脑较低层区，伸展遍及整个大脑。它们协同工作，使我们在面对各种压力源的时候能够继续保持自我调节的能力。

总之，这棵大脑调节之树的分支会直接或间接影响大脑的所有功能（比如思考和感觉）以及身体的所有功能（比如心脏、胃、肺、胰腺和其他脏器的功能）。它们一直在竭力保持稳定，让一切都处于平衡的状态。

1　复原力（Resiliency）指个体面对逆境、创伤、悲剧、威胁或其他重大压力的良好适应过程，也就是对艰难经历的反弹能力，即能够从挫折中恢复原状，从失败中学习经验，从挑战中获得动力，相信自己可以克服生活中的任何压力和困难。——编者注连接家庭和社会的黏合剂。

● 奥普拉：调节、关系和奖赏。

○ 佩里医生：对，当积极做出回应的细心的照顾者来到哭泣的婴儿身边，有两件非常重要的事情会发生。婴儿会感觉到痛苦之后重新调节到平衡状态的喜悦，也会体验到人际互动时的视觉、嗅觉、触觉、声音和活动。照顾者带来的充满爱意的感觉开始与快乐的记忆连接在一起。在成千上万个时刻，每当照顾者对婴儿的需求做出回应，婴儿的大脑就会将这种良好的互动关系与得到奖赏的愉悦感和调节后的平衡状态相连接。也就是说，如果你是一个细心、体贴和积极回应的照顾者，你就能帮助婴儿把促进大脑发育的最重要的三个部分强强连接，为婴儿的大脑调节之树打下健康的根基。

另外，就像我们之前讨论过的，这些亲密互动的体验构成了婴儿对人类的世界观。一个始终如一的、温柔而有爱心的照顾者会帮助婴儿建立一种内在信念：他人是可信赖的、有安全感的、充满关怀的。

● 奥普拉：他们会认为，帮助我进行调节的人不是坏人。当我有需要的时候，一定会有办法解决。他人是可信赖的，会支持我。

○ 佩里医生：是的，这是一种卓越而强大的世界观。我们都知道，与他人的连接可以给我们带来得到奖赏的愉悦感和调节良好的感觉。它会促使我们与老师、教练和同学进行交流，带来越来越积极的互动关系，丰富我们的内在体验目录。大脑是创造意义的机器，总是努力去理解世界。如果我们对于世界的认知是“人都是好的”，那我们就会从他人身上发现期望中的好，在与他人的互动中投射[1]这种期望，从而真正激发出他人好的一面。我们的世界观会内化为自我实现的预言，投射我们的期望，最终得到我们期望的结果。

许多年以前的一个冬天，我在芝加哥的奥黑尔机场，准备去参加一个学术会议。那天因为下雪，所有航班都延误了，登机口附近挤满了神情沮丧的人。我身边坐着一位年长的绅士。他穿着一身非常昂贵的西装，戴着劳力士手表，一副怨气冲天的样子。每当检票员宣布航班要继续延误的时候，他都会气恼地嘟囔几句，用力抖一下手中的报纸。

我看到一对神色疲惫的年轻夫妻，正轮流扶着他们蹒跚学步的女儿，在登机口附近走来走去。几个小时过去了，等候的乘客变得越来越躁动不安，而那个小女孩却一直面带微笑，不停地探索和触摸她看见的一切。

当检票员走出来，再一次宣布航班延误的时候，我身边的老人猛地从座位上站起来，大步冲到了检票员面前，高喊着要求见她的上司：“我是金牌乘客，我认识董事会的人。我要去克利夫兰参加一个非常重要的会议……”在他不停地大吼大叫时，整个等候区都安静了下来。

可怜的检票员看向窗口，指着窗外的大雪说：“很抱歉，先生，我们已经尽全力了，但我们真的无法控制天气。”那位老人怒气冲冲地回到了自己的座位上。

1　投射作用指个体依据其需要和情绪的主观指向，将自己的特征转移到他人身上的现象。投射作用的实质，是个体将自己身上所存在的心理行为特征推测成在他人身上也同样存在。——编者注

在我的认知中，如果一个有权有势的人粗鲁凶恶地对待别人，这个人肯定是个浑蛋。但是当我转头看向那个小女孩，却发现她正仰着头，仿佛在努力想要搞清楚，为什么大家在这个老人说话的时候都安静下来了。在她的认知中，所有人都是好人，所以无论这个老人有什么样的行为，他都是好人。

她径直走过去，站到这位老人面前，将一双黏糊糊的小手放在老人的膝盖上，冲他微笑。老人皱皱眉，抖开报纸，挡住小女孩的脸，继续看报。我的认知进一步得到了强化：他甚至对一个小孩子都这么凶，简直是个超级浑蛋。

小女孩愣了一下。显然，她认为这是一个游戏——因为人都是好的，不是吗？她笑着将老人手中的报纸拉下来，眼睛里闪烁着光芒，她觉得老人是她的游戏玩伴。

“哦，天哪，”我心里想，“这可有麻烦了。”但我想错了。小女孩是对的。

小女孩绽放出灿烂的笑容，老人只好认输地摇摇头，也向小女孩露出微笑。小女孩的“善意投射”感染了老人，将他心中最好的那一面激发了出来，而小女孩的认知也因此得以强化。在随后的三十分钟里，一老一小真的玩起了游戏。老人甚至跪在地上，驮着小女孩在拥挤混乱的等候区爬来爬去——他那一身昂贵的西装算是完了。

小女孩的投射引发了她的期望——人都是好的。这要感谢她内化的世界观，感谢那成千上万个充满爱的时刻，她的父母、家人和所有照顾她的人，用爱守护她，给予她关注和回应。

● 奥普拉：但是，如果婴儿时期没有得到这些积极的养育回应，又会发生什么？比如说，如果一位母亲只能自己养育孩子，没有人帮她，或者她陷入了抑郁，或者家庭中存在暴力关系，那又会怎样？她也许真的想要当一个有爱心、有责任心的母亲，但在这种条件下，有可能吗？

○ 佩里医生：这是我们社会的核心问题之一，有太多父母在照顾孩子的时候缺乏必要的支持。结果也可想而知，那些不堪重负、身心俱疲、自身处于失调状态的父母，很难像自己期望的那样，耐心地去调节孩子的状态，帮他们恢复平衡。而这会从两个非常重要的方面对孩子造成影响。

第一，这会影响孩子应激反应系统的发育（见图三）。如果婴儿因为饥饿、寒冷和恐惧发出求助信号，而照顾婴儿的人却因为在忙其他事情，无法及时对婴儿做出回应，那么婴儿的应激反应系统就会以长期持续和不可预见的模式被激活，逐渐发生调节紊乱，导致一些重要系统的敏感化。

在长期的创伤案例中，大脑调节之树的核心调节网络发生了适应性改变，以便更好地应对当前的挑战。人体系统会努力让你保持平衡状态，但它会遭遇困难，耗尽能量。在这些长期创伤案例中，哪怕那些挑战已经过去，系统的改变却被保留了下来。一个生活在家庭暴力中的孩子会变得过度警觉，不停地在家中搜索一切充满威胁的信号。在课堂上，孩子不能注意听老师讲课，结果就是他会被贴上注意缺陷障碍（Attention Deficit Disorder，简称ADD）的标签，其实他只

图三 / 应激激活模式

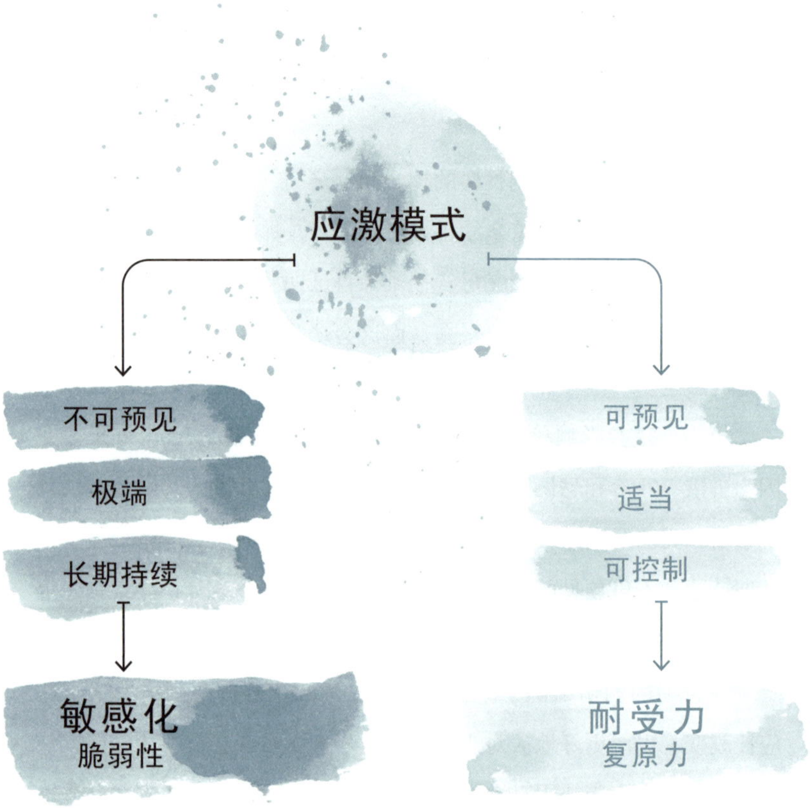

压力的长期影响由应激激活模式所决定。当应激反应系统以不可预见的、极端的、长期持续的模式被激活时，这个系统就会变得过度活跃，产生过度强烈的反应，也就是敏感化。随着时间推移，这种变化会导致功能脆弱性。因为应激反应系统涉及大脑和身体的所有部位，于是情感、心理和身体健康的一系列风险都将随之产生。与之相反，当应激反应系统以可预见的、适当的、可控制的模式被激活，可以提高机体的耐受力，比如在学习、运动、音乐等方面不断挑战自我，培养出更强大、更具灵活性的应激反应能力——复原力。

是适应不良[1]。

第二个重要影响与建立人际关系的过程有关。如果婴儿在建立对世界的认知时，他的照顾者总是不能及时给予回应，或者偶尔出现粗暴、负面、冷淡和忽视的行为，婴儿就会形成一种不同的世界观。

我们有一个与幼儿园合作的项目。在那里，我们观察学生和老师之间的互动。有一个班的老师年轻而充满热情，教学非常认真。开学的时候，那位老师热情地向每一个孩子打招呼，微笑着拥抱他们。整整一天，她都在特别耐心又投入地和孩子们互动。

我们注意到有一个小女孩一直在躲避和这位老师的亲密接触，甚至不和她对视。当老师拥抱她的时候，她只是站在原地，没有任何回应。后来我们得知，这个孩子的母亲生活负担很重，因此情绪压抑，而且她们家里没有其他成年人。

日子一天天过去，那位老师对其他孩子依旧热情洋溢、温暖如春，但对这个孤僻、悲伤的小女孩却越来越丧失积极的态度。你可以想象到，这个小女孩的世界观是这样的：我没有那么重要，我不能相信任何人。

大约一个月以后，班里举行活动时，小女孩举起了手，想要寻求帮助。这是她第一次如此积极主动。她把手举得高高的，不断挥

1 适应不良（maladaptation），又称为“不适应”“顺应不良”。适应指个体根据环境的要求改变自己，个体作用于环境并改造环境。适应不良主要表现在个体人格方面，指各种情绪上的干扰妨碍了个体从事有效的社会活动。适应良好、心理健康的个体在学习和解决问题时充满信心，生活目标明确并富有建设性与现实性，在人与人的相互关系中能互敬互爱，并乐于为实现社会目标而奉献。而适应不良则与之相反。适应不良最初源于不良的亲子关系。适应不良多导致活动低效并形成恶性循环。——编者注

舞，但那位老师正和另一张桌子边的孩子互动，根本没有注意到她。老师和其他孩子一起欢笑着，小女孩看了一会儿，就慢慢放下了手。在那一年之后的时间里，她再没有请求过帮助。

这个项目结束以后，我们请那位老师看了我们拍的视频。她看着看着就哭了，感到非常愧疚。她并非有意要忽视那个小女孩，只是我们所有人都需要一些相互往来的社交回馈，才能继续保持关注对方。小女孩的内在认知是“我不重要”，当这种认知被投射到课堂，就变成了她期望的现实。我们向世界投射什么，就会引发什么。而我们的投射就是基于童年时的经历。

● 奥普拉：可以这么说，这个小女孩生命早期的基本需求没有得到满足。她的母亲只能独自一人承受生活的重担，因此变得疲惫而抑郁，无法像你说的那样，对女儿做到“守护、关注、理解和回应”，于是这个孩子的身心失去了平衡。如果这种养育模式发展成完全的忽视——基本需求被忽视的时间越来越长，求助的哭喊得不到回应，甚至反而会引来照顾者的愤怒和惩罚——孩子就会生活在持续的痛苦之中。无论怎样，她都失去了平衡。

○ 佩里医生：是这样。也许这当中最重要的一方面就是应激激活的模式。如果父母对孩子的态度持续稳定，始终如一，对养育充满热情，孩子的应激反应系统就会激发出越来越强的复原力。如果应激反应系统被长期激活，或者激活的模式比较极端，比如孩子遭受虐待或被忽视，他的应激反应系统就会变得敏感和功能失调。

我们自己还意识不到，但我们的确是在持续感知和处理来自外部世界的信息。基于这种输入，我们的大脑和身体以各种方式做出反应，让我们和世界保持连接，生存下去，并健康成长。当我们偏离平衡状态，无法保持身心平衡时，我们体内的应激反应系统就会被激活，帮助我们恢复平衡。

大家都知道战斗或逃跑反应，它指的是我们处于恐惧状态时一系列被触发的反应。你的大脑会将你的注意力集中在那个潜在的威胁上，关闭不必要的意识活动（比如思考生命的意义，或者幻想即将到来的假期）。时间仿佛停滞了，你的心率会加快，使流到肌肉和其他器官的血液流动加速，有更多的血液为你的胳膊和大腿所用，为逃跑或者战斗做准备。人体会分泌出一种叫作肾上腺素的化学物质到血液中。肾上腺素给你一股强大的力量，并在体内产生许多其他的变化。

我们稍后会进一步讨论，这种唤醒反应并不是我们应对威胁的唯一方式。想象一下这种情况：你太弱小了，无法赢得战斗，也不可能逃跑。在这种情况下，大脑和身体其余的部位都会为受伤做准备。你的心率会下降。你释放出自身的止痛剂——阿片类物质[1]。你脱离了外部世界，在心理上逃进自己的内心世界。时间似乎慢下来了。你可能觉得自己是在看一场电影，或者飘浮起来，能从另一个视角看到发生在自己身上的事情。这是另一种适应能力的一部分表现，被称为解离（dissociation）[2]。

对于婴儿和非常小的孩子来说，解离是一种很常见的适应策略。战

1 阿片类物质是从阿片（罂粟）中提取的生物碱及体内外的衍生物，与中枢特异性受体相互作用，能缓解疼痛，产生欣快感。——编者注

2 解离是通过切断自我与当下现实之间的联系，来逃避难以接受的思想和情感。——编者注

斗或逃跑策略无法保护你，但“消失”也许可以。你学会了逃进自己的内心世界。你进入了解离状态。随着时间推移，你退回到内心世界的能力越来越强，因为那里是安全的、自由的、可控制的。这种敏感的解离能力的关键影响就是让你成为一个取悦者。你会不断顺从他人的要求。你发现自己做的许多事都是为了避免冲突，确保与你互动的人感到满意。你倾向于采取各种解离性质的行动，因为这样可以让自己免于失调。

对于因为创伤而导致应激反应系统发生变化的人，寻求平衡会成为一种令人精疲力竭的挑战。为了避免痛苦，人们可能会采取极端的、最终将产生破坏性的调节手段。

● 奥普拉：我和英国喜剧演员拉塞尔·布兰德曾经谈论过如何从情绪失衡中寻求解脱，那时，他已经戒毒十一年了，但他却在不久之前发表了一篇很有影响力的文章，讲述他几乎每一天都想着海洛因。“毒品和酒精不是我的问题，”他写道，“现实才是我的问题。毒品和酒精是我的解决办法。”

拉塞尔告诉我，他还是个孩子的时候，就感觉到和周围的人都很疏远。他来自单亲家庭，母亲独自抚养他长大。他们的生活一直都很贫穷。他说自己很困惑、孤独，不知道该如何处理情绪。在生活中的某些时刻，他“无法分清痛苦从哪里开始，自己又是从何时走向毁灭”。他养成了一些危险的习惯，包括暴饮暴食、沉迷于色情作品，并最终染上了严重的毒瘾。

“我无法做我自己。”拉塞尔说。在他人生中最黑暗的时候，激烈的内心风暴几乎把他压垮，那时，他常常庆幸毒品为他提供了一个庇护空间。

在拉塞尔戒毒的十六周年纪念日，他在社交媒体上把这一切都归功于他的住院康复治疗、他的支持团队和辅导人员。他说："我现在自由了，你也可以拥有自由。"

心灵导师加里 · 祖卡夫（Gary Zukav）[1]曾经说过："当你发现自己对某种东西上了瘾，不要感到惭愧。你可以为之而喜悦。你终于找到了自己生存于世需要被疗愈的部分。而当你认真面对并解决你的成瘾问题时，你就是在完成最伟大的心灵任务。"

所有这些都表明，多年来我们一直都知道，毒瘾和创伤之间存在关联，但因此而死亡的人数仍然一直上升。佩里医生，通过你对受创伤者的治疗，你发现许多人吸毒的原因和我们以为的并不一样。他们不是为了自我放纵和享乐，甚至不是为了逃避生活，而是为了避免失调带来的痛苦和绝望，是这样吗？

○ 佩里医生：当我们问一个人"你经历了什么"，我们常常会发现一段发展性创伤的历史。大多数遭遇发展性逆境的人都有长期失调的问题——他们很容易变得紧张和焦虑。有时候，他们觉得自己仿佛要从身体里冲出来，或者就像拉塞尔 · 布兰德描述的那样，内心世界掀起了风暴。稍后我们会进一步讨论，他们的核心调节网络已经变得过于敏感。

如果你在一个充满不可预见性、混乱和持续威胁的家庭或社区中长大，你的应激反应系统很有可能会发生改变。如果你的家庭中有虐待或者暴力行为，而本该养育和保护你的成年人正是你

1　加里 · 祖卡夫，美国著名心理畅销书作家和心灵导师，毕业于哈佛大学，当过美国陆军特种部队军官，是《奥普拉脱口秀》的常客。——编者注

痛苦、混乱、恐惧的源头，那么应激反应系统的改变就会更加不可避免。

还记得我们讨论过的应激激活模式吗？即使没有严重的创伤事件，不可预见的压力和与之相伴的失控感也足以使我们的应激反应系统变得敏感——让它过度活跃，反应过于强烈——这正是产生内心风暴的原因。

还要记住，人类的情感是有感染性的，我们能够感受到他人的痛苦。想象一下，家中有一个情绪压抑、暴躁的父亲，工作没有前途，在社会上因为身份、地位或肤色而不受尊敬，每天回到家都是沮丧又颓废。这个父亲的内心风暴就会变成家庭的内心风暴。他的混乱也变成了家庭的混乱。他可以用酒精或毒品来缓解自己的痛苦，但一个药物滥用的父亲，一个酗酒、精神崩溃、绝望沮丧的父亲，会让他的孩子活在恐惧中。他也许很爱自己的孩子，很想保护自己的孩子，不希望孩子也过得不幸福，但混乱已经形成。孩子在成长过程中会将这种混乱内化，恐惧总是如影随形。

当这样的孩子逐渐长大成人，自己也接触到毒品或酒精，他们也许会发现，这些东西能让他们感觉到从未体验过的平静。这种从痛苦中解脱出来的快乐，产生了强有力的大脑奖赏效应，刺激了神经递质多巴胺的释放。他们会记住：摆脱痛苦就会带来快乐。他们在人生中第一次放松下来。当多巴胺的释放停止，他们会再次渴望服用这些成瘾品。对成瘾品的依赖程度，取决于他们的失调程度，以及生活中其他奖赏来源的性质和强度。

每一天，我们都会用各种奖赏装满我们的奖赏桶（见图四），而每一天的奖赏都会有所不同。有时是和家人、朋友在一起，有时是在当地社区做志愿者，你的奖赏桶会被装得满满的。而有些时候，我们的桶无法被装满。新冠肺炎疫情大流行期间，我们之中有很多人都发现装满奖赏桶比以往更加艰难。更多的人在这个特殊时期变得焦虑和抑郁，许多人开始用不太健康的奖赏方式填补空虚。

不断激活奖赏通路的问题在于，以这种方式产生的喜悦感会逐渐衰退。得到奖赏的感觉是短暂的。想一想，吃下一片薯片的快乐能够持续多久。几秒钟？然后你就会想要第二片薯片。烟草中的尼古丁也是一样，甚至是你爱的人的微笑。在看到它们的那一刻，感觉是那么美好。我们还会不断回忆，得到一些快乐。但这种被奖赏的强烈感觉会消失。所以，我们每天都必须重新装满我们的奖赏桶。

装满奖赏桶最健康的方式就是通过人际关系。人与人的关系能够让大脑产生奖赏效应，而药物滥用则会让关爱我们的人远离我们。对药物滥用的干预措施都是惩罚性的，会进一步增加痛苦，让人对成瘾品的依赖性更强。这些人本来已经被孤立、被边缘化和妖魔化，这时再遭受惩罚，只会让药物滥用的问题更加恶化。因为身心失调而求助于成瘾品，导致人际关系破裂，最终无法得到奖赏，这一过程不断循环，导致更严重的对成瘾品的依赖。这个毁灭螺旋会一直继续下去。

关于吸毒有一个值得注意的问题：对于自我调节良好、基本需求都能得到满足、拥有其他健康奖赏方式的人，毒品会对他们产生一定影响，但不会使之上瘾。

上瘾这个问题很复杂，但我相信，许多沉溺于毒品和酒精的人，实际上只是想要对他们的痛苦和发展性创伤进行自我治疗。

● 奥普拉：你讲的这些我也关注到了。有许多人都在服用药物来缓

图四 / 装满我们的奖赏桶

激活大脑中的关键神经网络可以产生愉悦感或奖赏效应。这些奖赏通路可以通过多种方式被激活，包括缓解痛苦（比如服用酒精饮品进行治疗，或者当应激反应系统因创伤而发生改变时，调整节律来缓解应激反应系统产生的焦虑）；进行积极的人际互动（关系）；利用可卡因、海洛因等各种成瘾药物直接激活奖赏系统（毒品）；吃高糖、高盐或高脂肪食物；以及做出与你的价值观和信念相一致的行为（信仰）。

每一天，我们都需要装满我们的奖赏桶。上图中较粗的黑色虚线是我们需要的奖赏的最低水平。只有达到这一水平，我们才能感觉自己处于平衡和愉悦的状态。如果我们每天得到的奖赏在这条线以下，我们就会感到苦闷；如果我们得到的奖赏在较粗的黑色虚线以上，我们就会感到满足和平衡。我们每一个人都在以各自的方式寻求奖赏。

B

许多人都有机会得到健康的奖赏（A）：通过从事与我们价值观相一致的工作、去教堂做礼拜或参加志愿服务，产生大量积极的人际交往。如果缺乏强有力的人际关系和连接，会让一个人更容易滥用其他不那么健康的奖赏方式（B）。

健康的奖赏组合包括：进行积极的人际互动，从事与你的价值观相一致的工作，每天保持健康的节律，享受美好的性生活，以健康的方式进行自我调节，这些都能够帮助我们远离那些单一的、不健康的奖赏方式，比如药物滥用和暴饮暴食。

解焦虑，而我发现那种药只会让我入睡。因为我现在处于稳态[1]，所以当我服用那些让我放松下来的药物后，就睡着了。

○ 佩里医生：是这样。有可能你朋友服用的抗焦虑药物的剂量，足以让你入睡。

● 奥普拉：有时他们服用药物的剂量是我的两倍。我在想：大家怎么都睡不着觉呢？不过，如果你的应激反应基线已经升高，你确实需要更多的抗焦虑药物来降低你的基线。而且，即使有些人并没有表现出高度警觉或者焦虑的状态，他们的神经系统也是过度活跃的。

○ 佩里医生：是的，服药能够缓解。但要彻底摆脱对成瘾品的依赖，我们只有把注意力集中在这些人“经历了什么”，才能够真正解决他们的问题。

● 奥普拉：对。“你经历了什么”一直都应该是首先要问的问题。

○ 佩里医生：这就是以发展为基础、以创伤为切入点的研究视角如此重要的原因。药物滥用对我们的许多系统都造成了冲击，其中包括教育、心理健康、卫生、执法、少年法庭和刑事、家事法庭。要在我们的社会中找出一个不存在问题的角落已经不可能了。我们有良好的

---

1 稳态指的是正常机体通过调节作用，使各个器官、系统协调活动，共同维持内环境的相对稳定状态。保持平衡稳定的不只是我们的生理指标，还包括我们的心理指标，即心理稳态。——编者注

意愿，我们有善良的民众，我们耗费了大量资金，但我们没有取得任何成效。因为我们不了解让人们对成瘾品产生依赖的潜在机制。

● 奥普拉：我们需要了解，受创伤者更容易沉溺于各种成瘾品，因为他们的应激反应基线和别人是不同的。

○ 佩里医生：这又回到了失调问题。人们总是倾向于保持平衡，寻求舒适，装满奖赏桶。而最强大的奖赏就是关系。积极的人际互动是有益的，能够让人实现自我调节。如果一个人无法找到关心自己、支持自己、愿意与自己共度美好时光的人，他就会采用不健康的奖赏与调节方式，包括过度饮酒，服用成瘾性药物，过量摄取高糖、高盐或高脂肪食物，沉迷于色情作品，自残，或者将大量时间用在电子游戏上。连接感能够抵制成瘾行为的诱惑。这才是关键所在。

第三章

我们是如何被爱的

归属感和被爱，是人类的核心体验。在我的节目中，无论是美国总统，还是知名歌手，无论是分享痛苦秘密的母亲，还是寻求宽恕的罪犯，他们都有一个共性，那就是希望被认可、被理解，希望自己真实的一面被接受和肯定。我的所有采访对象都会这样问我：“我的表现怎么样？我讲得还行吗？我说的话对你有价值吗？”

○ 我坐在黑暗的房间里，透过一面单向透视镜看着那位母亲——格洛丽亚，还有她三岁的女儿蒂莉。她们在一起相处得很好。格洛丽亚在努力把握蒂莉的想法。比起之前的几次探望，现在她和女儿的同步情况要好得多，她们两个的关系显然更融洽了。两年以来，我一直在观察她们见面时的互动情况，如今她们已经有了许多积极的变化。

我的左边坐着蒂莉在儿童保护中心的新社工。这是最近这两年里负责蒂莉的第五位社工了。我的右边是P妈妈，孩子的养母。我和P妈妈相识已经有许多年，她是一位充满正能量的、有爱心的女性。她收养了几十个孩子，每一个孩子对于她来说都是特别的，都被她深爱着。在创伤和疗愈的问题上，P妈妈教给我的也许比任何人都要多。

格洛丽亚六岁的时候就从原生家庭中被带走，在儿童保护中心艰难地长大，辗转于不同的寄养家庭、学校和社区。因为早期的许多创伤经历，格洛丽亚有多重复杂的社会情感和身体健康问题。更不幸的是，所有人都在误解她，包括她的心理治疗师、寄养家庭的看护人、社工、法官、老师。二十年以前，人们对于创伤影响的认识还很有限。

十八岁的时候，格洛丽亚因为年龄到了，不得不离开儿童保护中心。她服用多种药物来缓解痛苦。在她十九岁生日的时候，她已怀孕八个月，无家可归。二十岁时，她生下一个女儿，身边没有人帮助，没有家庭，没有工作。最终，儿童保护中心带走了蒂莉。幸运的是，蒂莉被直接送到了P妈妈那里。

随后两年里，P妈妈同时帮助了格洛丽亚和蒂莉。她体贴入微，为蒂莉建起了一个安全稳定的家。她还邀请格洛丽亚加入到蒂莉的生活中，只要格洛丽亚能戒掉毒品和酒精。P妈妈意识到，格洛丽亚就像蒂莉一样需要安全和稳定的照顾，在她成年的身体里，住着一个幼小又缺爱的孩子。一开始，格洛丽亚对治疗并不积极，不过将近九个月以后，她终于接受了我们的提议，允许我们对她的创伤问题进行临床治疗。

如今，蒂莉和格洛丽亚都有了明显的成长。格洛丽亚应该很快就能自己照顾蒂莉了。不过，为了实现这一目标，儿童保护中心必须先向法院提出建议，而这次观察性的探望就是儿童保护中心“团聚计划”的一部分。

我们三个人静静地坐着，看着蒂莉和格洛丽亚。母女俩一起玩了大约十分钟以后，格洛丽亚伸手到外衣口袋里，拿出糖果。社工的表情僵住了。“这次会面她不应该带糖来。”在我的另一边，P妈妈听了社工的话，想大声辩解，我悄悄将手按在P妈妈的手上，让她沉住气。我知道，P妈妈很想保护她们。

蒂莉正处于糖尿病前期。在治疗的第一年，我们就注意到格洛丽亚会用糖果让蒂莉高兴——毕竟她掌握的人际互动工具实在是太少了。我们后来了解到，这是格洛丽亚小时候，她的寄养家庭用来管理她的主要手段。得到糖果是她最接近于被爱的体验。我们大脑的发育是我们成长环境的反映。你爱别人的方式，源自你被爱的方式。格洛丽亚只是在以她所知道的最好的方式向她的女儿表达爱。

社工继续说道："她知道她不应该这样做。这孩子有高血糖。这是虐待。"

"不是，"我说道，"那是无蔗糖糖果。"显然，这位社工刚刚接手蒂莉的案子，而且很可能同时还要处理另外六十个案子，所以还没有看最新的报告。

"你怎么知道的？"

"是我在探望前给她的。"我能感觉到P妈妈在微笑。

一年以前，在一次团队会议上，我们讨论到蒂莉的高血糖和格洛丽亚想用糖果来表达爱的冒险行为，试图找到最好的方法平衡这二者的矛盾。我的一名临床小组成员认为要给格洛丽亚一些警告。她提议在每次探望前对格洛丽亚进行搜身，如果格洛丽亚偷偷带糖给蒂莉，就禁止她再与蒂莉接触。P妈妈不同意。"那位可怜的母亲已经尽了全力。就让她给她的女儿吃一点糖吧。她知道的只有这些了。惩罚和羞辱不会让她成为更好的母亲。如果我们希望她成为更懂得爱的母亲，我们就需要更爱她。"

所以，我们没有对格洛丽亚进行警告，只是让她改用无蔗糖的糖果，并帮助她了解相关的营养知识和糖尿病的知识。P妈妈的原则始终都是，确保格洛丽亚和蒂莉都能得到爱。

我们向这位新社工解释了原委，然后又一起制订了帮助格洛丽亚和蒂莉团聚的过渡计划。格洛丽亚拿到了GED证书[1]，又去社区大学

1 GED全称General Education Development，是一种高中毕业证书替代性考试，通过GED考试可以获得与美国高中毕业证书等同的学历证书。——编者注

学习了护理。P妈妈一直在热心照顾她们这个小家庭。我们没有破坏一位母亲的努力，而是不断向格洛丽亚和蒂莉展示爱，以及如何去爱。

我们的大脑最显著的特性之一就是会根据个体的发育成长做出适应性改变。大脑由神经元细胞和神经胶质细胞构成，这些细胞互相连接，在受到刺激时，这些连接会加强或削弱，让大脑的结构发生改变，这被称为神经可塑性。它们受到刺激的方式，往往和我们的某些特殊经验有关。大脑可以通过重复训练，让经验变成习惯。比如，当一个孩子持续不断地练习钢琴的时候，参与钢琴演奏的神经网络就会发生变化。这些由重复性经验产生的变化，会转化成更优秀的钢琴演奏技巧。这也是在体育、艺术和学术上不断练习就能产生进步的原因。

神经可塑性的一个关键原则是特异性。要改变大脑的任何一个区域，就必须激活这个特定区域。如果你想要学习钢琴，你就不能只是阅读关于钢琴演奏的书籍，或者是看其他人弹钢琴的视频。你必须将双手放在琴键上，开始演奏，必须刺激大脑中与弹钢琴相关的特定区域，才能改变它们。

这个特异性原则适用于大脑介导的所有功能，其中就包括爱的能力。如果你从没有被爱过，负责爱的神经网络就不发达，就像格洛丽亚的情况一样。好消息是，通过使用和练习，这些能力就会出现。我们要多给予爱，让那些没有被爱过的人也能变得充满爱意。

——佩里医生

● 奥普拉：如果我数一下曾经被我采访过的人——相信我，我真的试着去数过——那一定会超过五万。从我早年在纳什维尔的工作开始，直到今天将近四十年的时间里，通过《奥普拉脱口秀》，我不断与各种各样的人交谈，有一个共同点从未改变过，那就是我们都想知道：我们做得怎么样？说得怎么样？以及我们这个人怎么样？这对我们非常重要。

无论是美国总统，还是知名歌手，无论是分享痛苦秘密的母亲，还是寻求宽恕的罪犯，无论是什么样的访谈，到最后，坐在我对面的人都会问："我刚才表现得怎么样？"他们会在我的脸上寻找答案。"我还行吗？"他们总是这样问。每个人都渴望被看见，被听到，被注意到，渴望自己真实的一面被接受和被肯定。除了科学解释，我觉得这可以归结为：我们是如何被爱的。

○ 佩里医生：是的，归属感和被爱是人类的核心体验。我们是社会动物，我们注定生活在人群中——在情感上、社会关系上和身体上都要与他人相互连接。你看人体的基本组织和功能——包括大脑在内——你就会发现，其中很多功能是帮助我们创造、维护和管理社交互动。我们是由关系连接的动物。

以有意义和健康的方式进行连接的能力，是通过我们生命早期的关系建立的。爱，以及充满爱意的照顾者是我们发展的基础。婴儿时期的"你经历了什么"，对于发展爱与被爱的能力有着深远的影响。

● 奥普拉："爱"这个词经常被人提起。事实上，爱的关键因素是你曾经如何被照料、你的种种需求是如何被满足的。我一直在想我们早些时候讨论过的"调节"。婴儿会感到饥饿和寒冷——他们因此失去了平衡。婴儿用哭泣表达自己的需求，这时照顾者就应该马上赶过来，帮助婴儿进行调节。

○ 佩里医生：其中的关键就是照顾者要满足婴儿的需求。对于婴儿来说，爱就是行动，是成年人所提供的关注、回应和细心护理。父母也许在真心爱着自己的孩子，但如果他们只是坐在电脑前，在社交媒体上发帖说自己是多么多么爱孩子，而他们的宝宝却被放在另一个房间里，因为无人陪伴而无法入睡，哭泣不止，那么这个宝宝就根本体会不到爱。对于婴儿来说，肌肤贴在一起的温暖，父母的气味，照顾者的形象和声音，他们用行动表现出来的关注和回应——这些都会变成爱。

成千上万次这种爱的回应和互动，塑造了婴儿发育中的大脑。这些充满爱的时刻真正构建了大脑组织的基础。

当婴儿感到饥饿、干渴和寒冷的时候，应激激活模式由此产生。照顾者及时满足婴儿的需求，才能让他们恢复平衡。这就是我们之前讨论过的构建复原力的模式（见第二章，图三）。承受适当压力的婴儿会哭泣，用哭声引来照顾者的养育回应，婴儿的状态从而得到调节。因为照顾者的守护、关注和回应，爱是可预见的：当我感觉到饿的时候，我就哭泣，他们就会来喂饱我。婴儿开始把照顾者的回应与喜悦、食物、温暖联系在一起。他们的世界观也因此得以塑造。还记得那个机场的小女孩吗？她认为人们都是好的。正是通过这些互动，孩子的世界观建立起来。因为照顾者做出回应的质量和模式不同，有的孩子能够构建复原力，有的孩子却会变得敏感而脆弱。

● 奥普拉：在每一次互动中，都会有那样一个时刻，我们想要知道：

你有没有看见我？有没有听到我？孩子从出生时起就知道，他们的照顾者走进房间看到他们时，眼睛是不是在发亮。他们能感觉到成年人的温柔、关爱和耐心。他们知道什么是高质量的陪伴，知道自己是不是被爱。

○ 佩里医生：反过来，这些养育互动会帮助婴儿建立爱的能力。这种充满关注和爱的行为会让我们的神经网络成长，让我们感觉到爱，能够以充满爱的方式对待他人。只有你是被爱的，你才能学会爱人。以充满爱的方式照顾婴儿，也会改变作为照顾者的成年人的大脑。这样的互动能够同时调节和奖赏孩子与照顾者。

爱的能力是人类成功的核心。我们得以在这颗星球上生存下来，就是因为我们能够组建并维护一个高效的群体。如果彼此孤立，失去连接，我们都会很脆弱。只有在同一个群体中，我们才能彼此保护，合作狩猎和采集，在家庭和部落中相互依赖。是关系这个黏合剂确保了我们这个物种的生存。爱就是我们的超级黏合剂。

● 奥普拉：从孩子出生的那一刻起，照顾者对待孩子的方式，将决定孩子将来是一帆风顺，还是在困境中挣扎。你想表达的意思是：一个人是如何被爱的，决定了他重要的神经网络是如何形成的，尤其是我们之前讨论过的那些核心调节网络。

○ 佩里医生：是的，没错。这当中有许多复杂情况，但充满关注和爱意的互动的确会组建和塑造核心调节网络，为儿童成长奠定身心健康的基础。

这就像是盖房子。首先要打好基础，接着搭建框架，然后再铺设地面、电线和管道——这一切都要在房屋被使用之前完成。就像我们之前所说的，大脑的发育也是自下而上的。最底部的网络，也就是组成核心调节网络的部分是首先开始发育的。这个过程从子宫时期就开始了。这些网络进行信号连接和调节的功能在我们发育的最早期就已经出现。举例来说，健康的新生儿能够调节体温和呼吸，但并不具备抽象推理能力。甚至婴儿出生的时候，睡眠功能还没有真正完善，运动缺乏协调性。不过随着时间推移，婴儿很快就能站起来，学会走路，学会说话，然后孩子开始学会做计划，掌握更复杂的技能。与大脑中层，然后是顶层相关的功能开始逐步完善（见第一章，图一）。

这个发育过程非常超前，这意味着大脑主要区域的生长和完善都发生在生命最初的几年里。当然，大脑并非在童年早期以后就不会再有变化了，但早期的生活经历的确对我们今后的各项发展有着强大的影响。

让我们再看看大脑调节之树（见第二章，图二）。总体而言，核心调节网络能够延伸至正在开发的大脑的每一个部分。实际上，大脑从核心调节网络获得的信号在其各个领域的发育中都扮演了重要的角色。如果核心调节网络得到正常的构建和调节，它们的信号就能够让重要的高层级脑区（例如边缘系统和大脑皮质）健康发育。但如果某种因素破坏或者改变了核心调节网络，相关的所有大脑和身体系统也都会受到不利影响。

有三种发展逆境可以明确改变核心调节网络，广泛引发多种问题。第一种是出生前的破坏，比如母亲在孕期接触毒品、酒精或者极度痛苦（比如遭受家庭暴力）；第二种是婴儿早期与照顾者互动时的破坏，如果照顾者对待婴儿的方式是漫不经心的、不稳定的、粗暴的、具有侵略性的，或者是冷漠的，婴儿的应激反应系统就会以不正常的方式发育；第三种是所有致敏性的应激模式。这可以由很多情况导致，我们将会在后面更加详细地进行讨论。基本观念就是，任何因素，如果它导致了不可预见的、无法控制的，或者极端和长期的应激反应激活，那么这种因素就会造成过度活跃和强烈的应激反应（见图五）。

● 奥普拉：说清楚一个人是如何被爱的，要比简单地说一句“你小时候没有被爱过，所以你活得很痛苦”复杂得多。这句话实际的意思是，如果你小时候被粗暴对待，或者处于混乱的环境中，或者完全被忽视，缺乏关爱，甚至没有被大人温柔地抱过，你的大脑就会受到生理上的影响。

○ 佩里医生：是这样的，童年的经历的确会影响到大脑的生理功能。

● 奥普拉：所以会影响一个人余生的行为方式。

○ 佩里医生：是的。我们最早期的体验，特别是触觉和其他基于关系的感官线索，包括照顾者的气味和他们晃动婴儿的方式，他们在给婴儿喂食的时候哼的歌，以及他们回应婴儿需求时任何独特的动作——所有这些体验都在帮助婴儿形成自己的世界观，也就是我们之前提到的“编码簿”。

我们仍然用盖房子来说明。胎儿的大脑发育速度非常快，就像是给房子打地基。在你出生的最初两个月里，大脑就搭建好了框架。第一年里，你与其他人的所有互动都是在铺设电线和管道。这些都是

图五 / 状态－反应曲线

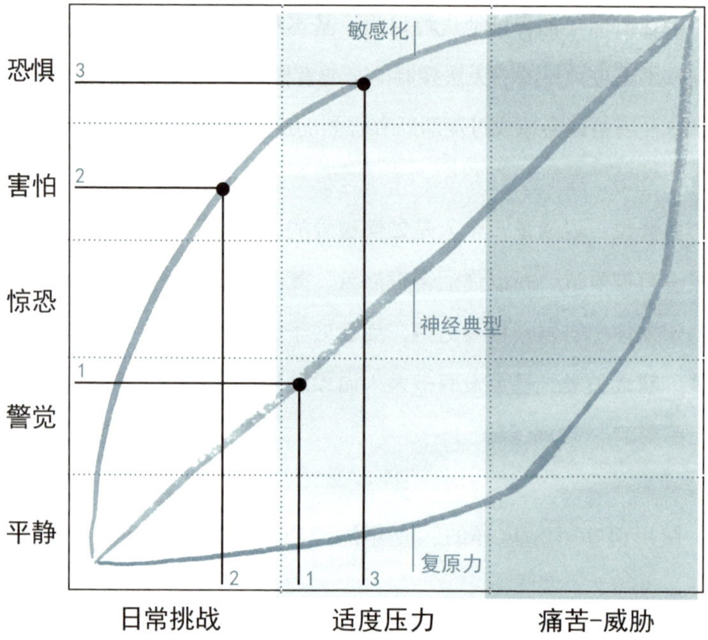

挑战和压力会让我们偏离平衡状态。这时我们的内部应激反应就会被激活，让我们恢复平衡。如果没有明显的压力源——既没有内部需求未被满足（比如饥饿、干渴等），也没有外部的复杂问题或威胁——我们就能处于平静状态。随着挑战和压力的增加，我们的内部状态会发生变化，从警觉转向恐惧（见图六）。

对于具有神经典型应激反应系统的人，压力程度和心理状态变化存在线性关系（对角直线）。比如，在面对适度压力时，一定程度的激活会让他处于主动警觉状态（1）；如果一个人因为过往的创伤而具有敏感化的应激反应（顶部曲线），哪怕是最基本的日常挑战也会让他进入害怕状态（2）；具有敏感化应激反应的人甚至对于适度压力也会有恐惧的反应（3）。这种过度强烈的反应激活会导致他的情绪、行为和身体健康出现问题。

建造房子过程中非常重要的部分。这时大脑还没有完全构建好，不过这幢房子的主要特征都已经显现出来。两岁孩子的大脑还没有完全发育，不过基础性的结构和系统都出现了，这些是大脑进一步发育的基础。

盖房子的时候，如果地基没有打好，布线粗糙，管道是劣质的，但是用美丽的地板和家具装饰房间，当你第一次走进这幢房子时，也许它的核心缺陷不会很明显，但早期的建筑缺陷一定会导致后面的问题。一个孩子也是如此。实际上，人的各个方面都会受到早期体验的影响——无论那些体验是稳定的、可预见的、充满爱意的互动，还是混乱的、具有威胁性的、不可预见的、缺乏爱意的互动。

● 奥普拉：是的！一个人是如何被爱的——这会让一切都有所不同。从我进行过的所有访谈中，我总结出的经验是：一个人的行为异常与他被爱或者不被爱的程度成正比。关键是他有没有得到成长所需要的东西。

○ 佩里医生：给予爱和感受爱，全都依赖于对另一个人陪伴、关注、调节以及做出回应的能力。这种人际黏合剂对于我们这个物种的生存以及个人的健康和幸福都至关重要。这种能力是基于“你经历了什么”，尤其是在你还很小的时候。

● 奥普拉：说到这个，我回想起，我曾经被要求列举《奥普拉脱口秀》中我最喜欢的时刻。那些时刻并非什么大场面，也不是因为来了著名的或者神秘的嘉宾。我最喜欢的是安静交谈的时刻。那个麦圈女孩总会第一个跳进我的脑海。

那时她十一岁大，名字叫凯特。她和她的哥哥扎克参加《奥普拉脱口秀》的时候，他们的母亲凯瑟琳在几个月以前刚刚离开了他们。他们告诉我，在母亲去世以前，父母决定一家人去旅行，陪伴凯瑟琳度过最后几个月的时光。我问凯特，从那时到现在，她最喜欢的时刻是在什么时候。她的回答让我顿悟。

凯特对我说："有一天，我游完泳回来，妈妈躺在床上。她说：'凯特，你能给我冲一碗麦圈吗？'我说：'好的。'后来，在她去世前一个星期，我在父母的房间里。我说：'妈妈，如果你下楼去吃麦圈，把我也叫醒好不好？'她说她会的。那天，在凌晨两点，我们一起吃了一碗麦圈。"这一家人无论去哪里都在一起，留给凯特的记忆，就是母亲和女儿亲密相伴的每一天。

○ 佩里医生：这是描述爱的黏合力的一个绝佳例子。就是在这些微不足道的时刻，我们感觉到另一个人全心全意地陪伴在我们身边，和我们紧密相连，接受我们的一切，于是我们建立了最强大、最持久的关系。

● 奥普拉：麦圈时刻过去了二十年，我们又对凯特进行了回访。她告诉我们，尽管她曾经历过种种磨难，但她依然坚信，人生中有一些微不足道却又非同寻常的时刻，在那些时刻产生的人与人的连接具有无比深远的力量——这就是你提到的那些有安全感的、全身心陪伴和支持的时刻。

○ 佩里医生：我喜欢这个故事，因为它显示出这些特殊时刻的一个真正重要的特点——最强大和最持久的人类互动常常都很短暂。你也许花了好几个小时待在一个人身边，但如果你对他不够关心和专注，这几个小时带来的力量，远远不如短暂的麦圈时刻强大。

● 奥普拉：如果一个人没有体会过麦圈时刻——如果一个人出生在混乱、糟糕、充满暴力和破坏性的环境中，生活既不规律又不正常，那么他注定会遭遇挫折。因为他大脑中的网络没有依照应有的方式被构建。

○ 佩里医生：是的。这会导致地基不稳，或者布线错误，为这个人的余生埋下隐患和风险。心理脆弱的很大一部分根源来自混乱动荡的幼年生活，它会影响应激反应系统的发育，使其变得敏感。

● 奥普拉：能否解释一下这是如何发生的，有什么表现？

○ 佩里医生：嗯，我们可以再谈谈神经可塑性——神经可塑性指的是大脑结构的可改变性。它的一个关键原则就是应激激活模式会对神经网络的改变有很大影响。

比如说，以适度的、可预见的、可控制的模式激活我们的应激反应系统，可以产生更为灵活、强大的应激反应能力（见第二章，图三），让一个人在面对更加极端的压力源时也能表现出复原力。对我们的应激反应系统来说，这有一点像是举重，我们通过练习，让这个系统变得更加强壮。越是多面对适度的挑战，并赢得胜利，我们就越有能力面对更大的挑战。体育、表演艺术、临床实践、消防、教学——几乎人类所有需要努力才能完成的事情都会让我们看到，多练习可以提升技能。所以压力并不是需要害怕或躲避的东西。但压力的可控性、模式和强度有可能会导致一些问题。

不幸的是，对于很多人来说，应激激活的模式是不可预见的、不可控的、长期持续的，或者过于极端。

许多年以前，我被请去看一个住院的男孩。他叫杰西，十三岁。那时他和自己的养父发生争斗，头部受伤，一直处于昏迷状态。

杰西出生在一个几代人都遭受过性侵、性虐待，参与过强迫儿童卖淫的家庭。杰西五岁的时候，警方在一次调查中发现他的父母曾经让他卖淫。

杰西被带离他的原生家庭，交给寄养体系[1]。他一直在寄养体系中辗转，在经历过三次失败的安置以后，他最终被送到了一个专门照顾特殊需求儿童的寄养家庭。他的养父母还同时照顾着其他九个孩子，许多孩子都有严重的发育问题——语言发育迟缓、暴力行为和攻击行为、粪便涂抹癖。这些孩子被送到这个家庭都是因为无法控制的行为，而这个家庭在照顾“问题儿童”方面有着良好的纪录。

但实际上，这个家庭“管理”这些孩子的手段是恐吓和虐待。在这里，轻微“违规”的孩子会得不到食物，身体虐待和惩罚是家常便饭，强迫锻炼使孩子们精疲力竭，“行为不端”的孩子会被罚睡在外面的鸡笼里。这里的冰箱是锁住的，所以孩子们无法“偷取”食物。这对养父母亲生的孩子已经十几岁了，他们被鼓励参与对寄养儿童的羞辱和身体虐待。

杰西多次试图逃出这个地狱。为了阻止他逃跑，养父母晚上会拿走他的鞋和衣服。就算是他逃出来，也总会被抓回去。有一年冬天，他赤着脚、身上只穿着内衣跑到了一条乡间的小路上，终于遇到了一名县里的副警长。杰西把自己遭受虐待的事情告诉了副警长，那名副警长却喝令杰西不许说谎，不许污蔑那一家好人，都是因为他们慷慨大度，才

1　美国儿童家庭寄养分为普通家庭寄养和亲属寄养，其核心理念是“稳定”与“儿童利益最大化”，提倡寄养儿童与寄养家庭融合。进入寄养体系的儿童主要因为受虐待或忽视、难以管教和被父母遗弃。——编者注

会收养杰西。那天晚上，杰西被罚睡在了鸡笼里。当他终于回到房子里的时候，他在自己的秘密日记中写道："上帝为什么恨我？"

这是一个令人难以置信的悲惨故事。让我们暂时放下杰西的经历，谈一谈我们的应激反应系统是如何在这种持续不断的创伤中帮助我们的。我们已经提到过战斗或逃跑反应。这个术语是1915年由开创性的精神压力研究者沃尔特·B.坎农创建的，以此来描述人对感知到的威胁所产生的急性应激反应，以及随之产生的生理变化。我们将其称为"唤醒反应"。

在唤醒反应中，就像我们之前强调过的那样，大脑会将注意力集中在威胁上，排除掉一切对身体内部和外部无关紧要的输入。为了准备作战或者逃跑，我们的心率会加快，肾上腺素和相关的压力荷尔蒙——比如皮质醇——会得到释放。肌肉中存储的糖原同样会被释放。血液转移到肌肉中。这个反应的关注焦点一般是外部的。

几乎所有人都曾经在感受到威胁时以某种形式体验过这种激活反应。这些威胁可能是去看牙医、轻微的交通事故、迫在眉睫的考试、激烈的争吵，或者面对公众演讲。你可能会感觉到手心出汗、心跳加速、精神焦虑或者紧张。这全都是因为唤醒反应被激活了。

当然，如果你属于人群中的大多数，你不可能在几秒钟时间里就从平静状态进入战斗状态（见图五和图六）。当我们遭遇到潜在威胁的时候，我们最初的自动反应就是从众。

● 奥普拉：等等，能否说说"从众"是怎么回事。

○ 佩里医生：我们人类是非常社会化的动物。我们会被他人的情绪感染。我们在不断检视自己的人际关系环境，寻找赞同和归属感的信号——就像你之前说的，我们总是会问：“我表现得怎么样？”

所以，当出现意外的、令人困惑的，或者是有潜在威胁的信号时，我们会指望别人来帮助我们确定到底发生了什么。我们会观察其他人——尤其是他们的面部表情——在他们的情绪中寻找线索来解释眼前的情况。想象一下，你听到一些无礼或者不恰当的话，是不是会用询问的眼神看向盖尔，仿佛在问她“你刚刚有没有听到”或者“他刚才真的那么说了吗”。

如果你身边没有其他人，或是你已经得到了确认，那的确是一个威胁，你就不再选择从众，而是开始审视周围的环境，将这个潜在威胁放在一个更清晰的背景下进行观察。

接下来你也许会僵住。想象一下，你在一个黑暗的停车场，突然听到一个奇怪的声音，于是你停了下来，瞬时一动不动。你的思绪仿佛有种阻塞感。这种僵住也有可能发生在气氛紧张、即将激起冲突的人际互动中。你感觉自己并没有参与争论，但突然有人问你：“那么，你怎么看？我们该怎么做？”在你能够做出反应以前，你也许会愣一下，僵在那里。通常你的反应好像大脑缺血、智商下降一样。记住，我们承受的威胁或者压力越大，我们就越难以调用我们大脑中那个智慧的区域——大脑皮质（见图六）。

当你感觉到威胁变得严重时，你最终会进入战斗或逃跑状态。简单描述一下整个唤醒反应的连续过程。可以想象你在森林中遇到一头鹿。鹿是过度警觉而且高度从众的动物。如果它们听到声音，或者身边另一头鹿的行为发生变化，它们全都会立刻停顿下来，僵住不动。这能帮助它们找到潜在的威胁，并且让以视觉为主导的掠食生物更加难以看见它们。如果威胁还在继续，它们就会逃走。但如果你将一头鹿逼进绝境，它就会战斗。从众，僵住，逃跑，战斗（见图六）。

回到杰西的遭遇。在那个寄养家庭中，他的主导应激反应是一种唤醒反应。他一直在抵抗和逃跑——他在逃离威胁，并最终开始战斗。

为了让孩子们更容易被控制，这个家庭最喜欢使用的手段之一就是耗尽他们的体力。每天他们都会强迫孩子们锻炼——尤其是逼迫孩子们在楼梯上不停地跑上跑下。有一天，杰西终于受够了。他跑到楼梯顶上以后，就拒绝再跑下去。他的养父向他大发雷霆，但杰西仍然一动不动。之后就发生了争斗。杰西掉下了楼梯，或者是被扔下去的。他的头部遭受重创，陷入昏迷，不得不住院治疗。

就像我们讨论过的，我们的大脑会使用两种关键策略帮助我们理解世界：第一，它在同时出现的感觉输入模式间建立连接，从我们的经历中创建记忆；第二，它利用这些被存储的记忆对新的经历进行分类和诠释。如果新的输入和之前的经历相似，它就会对新的经历做出与过去经历相似或相同的分类。

杰西有两组创伤记忆：一组来自他很小的时候受到的虐待；另一组来自他在寄养家庭受到的虐待。当他还只是一个很小的孩子时，战斗或逃跑反应——抵抗、哭泣、踢打、试图逃跑——都不可能让他适应当时遭受虐待的环境。恰恰相反，那只会让他承受更多的痛苦和伤害。幸运的是，就像我们之前提到的那样，我们的大脑还有一种完全不同的应激反应可以依赖：解离反应。

解离是一种复杂的心理能力。实际上，我们在日常生活中也会使用它。它的作用是脱离外部世界，专注于我们的内心世界。当我们做白日梦的时候，我们允许自己走神的时候，这就是某种形式的解离。就像唤醒反应一样，解离反应也是一个连续性的过程。随着压力或者威胁越来越严重，解离反应会让一个人越来越深地进入一种自我保护模式。

唤醒反应的生理作用是强化战斗或逃跑，解离的生理作用则是

图六 / 大脑功能的状态依赖

状态	平静	警觉
占主导地位的脑区	大脑皮质（默认模式神经网络）	大脑皮质（边缘系统）
适应性“选项”唤醒	表达（创造）	从众（高度警觉）
适应性“选项”解离	表达（白日梦）	回避
认知	抽象（有创造力）	具象（常规）
功能智商	120—100	110—90

大脑的所有功能都依赖于我们所处的状态。当我们从一种状态转变为另一种状态时，控制（主导）我们行为的脑区也会发生变化。比如说，当你处在平静状态时，你就能使用大脑最智慧的那个区域（大脑皮质）进行表达和创造。当你感觉受到威胁的时候，大脑皮质系统就会失去主导性，大脑中更多易起化学反应的区域开始占据主导地位。这个连续过程会从平静一直转变到恐惧。

状态转变导致了大脑介导的一系列功能的变化，包括解决问题的能力、思考（或者认知）方式和关注领域。一般来说，一个人受到的威胁越严重，就会有更多主导权从高层级系统（大脑皮质）转向低层级系统（间脑和脑干）。恐惧会关闭许多大脑皮质系统。

惊恐	害怕	恐惧
边缘系统（间脑）	间脑（脑干）	脑干
僵住（抵抗）	逃跑（挑衅）	战斗
顺从	解离（麻痹/紧张症）	昏厥（瘫软）
情绪化	起化学反应	反射性
100—80	90—70	80—60

特定个体在压力或创伤事件中，哪种适应性反应模式（唤醒和解离）占主导地位，在状态依赖功能转变过程中，就会产生相应的适应行为。

默认模式神经网络（DMN）是一个广泛分布的网络，主要位于大脑皮质。当一个人在思考他人、思考自己、回忆过去和规划未来的时候，这个网络就会活跃起来。

帮助我们休息、补充体力、忍受痛苦、在伤害中生存下来；唤醒是加快心率，解离则是降低心率；唤醒将血液送往肌肉，解离则是把血液保存在躯干，以减少受伤引起的失血；唤醒释放肾上腺素，解离释放身体自己的止痛剂——脑啡肽和内啡肽。对于只有四岁的杰西，解离是他在遭受虐待的时候唯一能够适应环境的选项——在情感上逃入内心世界。

当杰西处于昏迷状态的时候，我设法拿到了他的生父和养父没有洗过的衣服，这是我进行评估工作的一部分。尽管杰西仍然没有意识，但如果让他闻到这两个男人的气味，杰西还是会出现明显的生理反应。当我将他养父的衣服放在他的鼻子下面，他便开始踢打和呻吟，心率从90次/分上升到162次/分。我认为这种强烈的唤醒反应是一系列与创伤相关的记忆造成的，根源就是养父对他的虐待。（就像第一章的罗斯曼先生，这些记忆被存储在大脑的较低层级。）当我将杰西生父的衣服放在他的鼻子下面，他也会有反应——不过这时他的动作要小很多，心率开始时会加快，随后又会迅速降低到60次/分。这符合解离反应的特征，是因为他的生父对他造成的虐待记忆被激活。即使大脑皮质无法作用，也就是说，处于睡眠或昏迷状态，这些诱导信号也能够触发复杂的行为、情绪和生理反应，因为它们都是由存储在大脑低层级系统中的记忆引发的。

曾经在过往经历中占据主导地位的应激反应将决定我们现在有什么样的特定的创伤反应，这是问题的关键所在。而且一个人的身上可能有多种诱导线索，会引发出完全不同的反应行为。一些与创伤相关的线索会让你逃离外界，关闭自己；另一些则会激怒你，让你有所行动。创伤体验的复杂图谱对于每个人都是不一样的。创伤经历发生的时间、性质、模式和强度都会决定一个人将受到什么样的影响。

杰西的故事还在继续。他从昏迷中苏醒过来，但很不幸地留下了后遗症。最终，他去了一个养老社区，在那里作为搬运助手工作并生活。他的恢复过程也让我们看到了连接所具有的疗愈力量。在讨论疗愈和复原力的时候，我们会再谈到杰西。杰西的故事同样显示了大脑非凡的可塑性，以及希望的力量。

● 奥普拉：我认为这是本书读者最想要寻找的东西——无论发生什么，希望都会存在，总会有一束光引领我们前行。你分享的故事帮助人们认识到，他们在承受创伤的时候并不孤独。既然说到了这一点，我们能谈谈创伤和恐惧吗？我知道有许多人都在小时候受到过虐待，并因此活在持续不断的恐惧之中，就算威胁已经消失了，恐惧仍然存在。能否给我们讲讲，如果一个人在恐惧中长大，他的大脑中会发生些什么？

○ 佩里医生：好的。要理解杰西这样的孩子，就要明白一个非常关键的问题：这些孩子一直都活在恐惧的状态中。一个人在害怕的时候和感觉安全的时候是不一样的，他的思考、学习、感受和行为都会有所不同。

大脑的全部功能都依赖于状态。在任何特定时刻，我们身体系统的总体情况和意识所关注的问题都会决定我们的状态，而且我们的状态能够以极快的速度发生改变。两种最主要的状态是清醒和睡眠。

睡眠状态有不同的层级（比如REM，也就是快速眼动睡眠[1]）。清醒状态也是一样。我们在清醒的时候也有不同的层级，或者说是不

1 快速眼动睡眠又叫作异相睡眠，也有人把它叫作积极睡眠（active sleep），指在睡眠过程中有一段时间，脑电波频率变快，振幅变低，同时还表现出心率加快、血压升高、肌肉松弛，最奇怪的是眼球不停地左右摆动。——编者注

同的唤醒状态。我们可以在图六中看到这些层级。这张图里有很多信息，其中一些信息会在后面的章节讲述，我在这里先大概解释一下。

我们从左手边开始，先看“平静”这一列。在这种状态下，我们平静、放松，让我们的意识游离，这时我们能够使用大脑最智慧的那一部分——大脑皮质。旁边的一列“警觉”意味着我们专注于外部世界的某些方面——比如对话。当我们能够很好地自我调节，处于平衡状态时，我们就能在一天中的大部分时间里保持积极的警觉和平静状态。

我们偶尔会遭遇挑战、意外或者威胁，这会让我们进入“惊恐”状态。当这种情况发生时，我们会以更情绪化的方式思考，因为此时大脑的较低层级开始主导我们的行动。我们的交谈会上升到争辩，而我们的争辩会失去理性，演变成情绪化的发泄或者个人攻击。我们的行为会变得幼稚。这时我们常常会说出让自己后悔的话，做出让自己后悔的事情。

如果我们真的面对威胁，我们会进入“害怕”的状态。在这种状态下，更低的大脑层级主导了我们的行动。我们解决问题的技能退化了。我们的意识只专注于此刻。当然，在这一刻，这也是一种对环境的适应。但问题是，有些人会困在这种状态里。极端和长期的压力就会造成这样的后果。想一想杰西，那种不可预见的压力是持续的，痛苦、威胁和恐惧都是不可控状态，有时候还会变得极端。他的应激反应系统为了适应环境而变得敏感。于是杰西被永远困在了害怕的状态里。

现在，就像我们之前所说的那样，孩子如果适应了混乱、暴力、广泛存在创伤的环境，就很难适应其他环境——尤其是学校。“警觉”状态中的高度警觉会被误认为是注意缺陷多动障碍（Attention Deficit

Hyperactivity Disorder，简称ADHD）；“警觉”和“害怕”状态的抵抗和挑衅会被认为是对立违抗性障碍[1]；“逃跑”行为会让这些孩子被学校开除；“战斗”行为会让他们被指控袭击他人。对于创伤相关行为的普遍误解会对我们的教育、心理健康和青少年司法系统产生深远的影响。

● 奥普拉：所以我们需要创伤知情。所以我们不应该再问“你出了什么问题”，而是要问“你经历了什么”。

1 对立违抗性障碍（Oppositional Defiant Disorder，简称ODD）是一类常在学龄前期出现的，以持久的违抗、敌意、对立、挑衅和破坏行为为基本特征的儿童行为障碍。——编者注

第四章

创伤的光谱

创伤对你来说有如遭遇海难，船只沉没，你只能重建自己的内心世界。你回到船只沉没的地方，一块一块地找到碎片，把它们转移到一个更加安全的新的地方——你已经改变的内在信念。你用这种方法建立起新的世界观。这种重建需要时间，需要你多次去查看遭遇海难的船只残骸，也就是对创伤进行重访。

● “她总是穿着像乌云一样的灰色衣服。”

这句话有种沉重的真实感，立刻吸引我开始阅读辛西娅·邦德的畅销小说《鲁比》(*Ruby*)。辛西娅在这本书中讲述了一个命运悲苦的勇敢女孩不停地与恐惧和心魔战斗的故事。她写作这本书时融入了个人的经历。辛西娅一直在救助无家可归、处于危险环境中的年轻人，而她自己是性侵幸存者。

在《奥普拉读书俱乐部》节目中接受过我的访谈之后，辛西娅为《奥普拉杂志》写了一篇文章，详细讲述了她的心理健康问题和她的挣扎。她写道，有很长一段时间，她不知道自己出了什么问题，只知道自己是在透过“痛苦的棱镜”来看这个世界。

“许多年里，”辛西娅写道：“我整晚失眠，记忆侵袭了每个夜晚。有时早晨醒来，我感觉自己被压在床上。一种深深的耻辱感笼罩着我：为什么我不能振作起来，不能摆脱痛苦？我看到别人从分手中复原；从失业中复原；从破产中复原；从比我更糟糕的境遇中复原，而我却无法修复我自己。我开始觉得我的性格有问题。”

辛西娅祈祷那种被她称为“痛苦”的东西能够消失。像许多人，尤其是许多女人一样，她学会了忍受、坚持，戴上一副坚强的面具。但在她最黑暗的时刻，她想结束自己的生命。

最终，她被诊断患有抑郁症和创伤后应激障碍。在确诊之后，她并没有得到身边所有人的理解和支持。“我的话开始受到质疑。我的决定、我的职业、我作为母亲的能力都遭到质疑。有些人对我的看法开始发生变化。”但渐渐地，辛西娅找到了自己所需要的支持，“我明白了……我可以有感受，而不必被这些感受束缚。我没有做错任何事。我没有理由感到羞愧。”

辛西娅的故事让我再一次体会到，应对过去的创伤是多么艰难。当许多人开始思考创伤对自己生活的影响时，很难认识到他们的早期经历和成年之后的决策模式有什么样的关系。他们会合理化[1]自己的行为，说“事出有因”；或者为了迅速克服他们遭遇的不适，他们会故意轻描淡写，想办法（使用健康的或者不健康的方式）安慰自己；或者干脆将问题掩盖起来。总而言之，一个人很难与自己的创伤和解。

从本质上来说，创伤是情感冲击的持久影响。如果不认真对待，它会产生长期的身体、情感和社会性后果。我在成年以后不断地倾听和理解关于这种后果的故事——它们全都是没有得到解决的创伤所造成的各种伤害。

对我而言，可以通过两个角度，来看待“你经历了什么”。一个

1 合理化是心理防御机制的一种，指当个体的动机未能实现或行为不能符合社会规范时，尽量搜集一些合乎自己内心需要的理由，给自己的行为一个合理的解释，以掩饰自己的过失，减轻焦虑和痛苦，维护自尊，免受伤害。换句话说，“合理化”就是制造“合理”的理由来解释并遮掩自我的伤害。——编者注

是以科学为基础，对于早期创伤影响大脑的解释；另一个是我们每个人一生所做出的无数日常行为，它们是创伤的反映和结果。这些行为从表面上看是糟糕的决定，是坏习惯，是自我破坏和毁灭——是会引来他人评判的行为。

这也正是我为什么如此坚信“你经历了什么”才是合适的问题。它避免了“你出了什么问题”这个问句中那种评判的意味。

各种形式的上瘾、焦虑、抑郁、愤怒，无法保住工作或者处理不好人际关系，我相信几乎所有消极行为中所蕴含的那种绝望情绪，都来自根深蒂固的无价值感。认为自己应该得到幸福和知道自己值得拥有幸福是不一样的。所以，我们常常会把幸福挡在门外，因为在内心深处，我们认为自己不值得拥有。即使你已经搭建起一座摆满精致物品的房子，墙上的画框里镶嵌着你的美好生活照，如果你经历过创伤，却从没有认真检视过它，你受伤的那些部分就会影响你努力创造的每一个成果。

这一章要帮助你识别那些显示你可能经历过创伤的线索。希望你能利用佩里医生这样的专家开发出的工具，找到那些关键的时刻，正是那些时刻决定了你今天是什么样子。

当你重新审视你的过去时，请记住，无论发生过什么事，你活着，你存在，因此你就是有价值的。请记住希望永在。就像辛西娅文中写到的：“我们会好起来的。慢慢地，一步一步，在某个瞬间实现。”

——奥普拉

● 奥普拉：我们讨论创伤问题已经有三十多年了。有一次你告诉我，将近40%的十八岁以下儿童曾经遭受过某种创伤。这真是一个令人触目惊心的数字。

○ 佩里医生：很不幸，后来我发现我弄错了。显然，真正的数字还要更加糟糕。全国儿童健康调查机构最近进行的一项研究发现，几乎50%的美国儿童至少有过一次严重的创伤经历。而美国疾病控制与预防中心（CDC）在2019年进行了一次更新的调查，发现60%的美国成年人报告曾经至少有过一次童年逆境经历，几乎四分之一的人报告自己有过三次甚至三次以上的童年逆境经历。而且，疾病控制与预防中心的研究者们相信这些数字还是被低估了，现实情况只会更加严重。

● 奥普拉：我们来分几步讲解一下你使用的"创伤"这个词。我们已经多次提到这个词，但许多人对它的真正定义还没有清晰的了解。一次童年逆境经历就等于创伤吗？

○ 佩里医生：对于相关领域的研究者来说，你刚刚提出了一个非常重要和具有挑战性的问题。正如你所说，创伤这个词在当下被非常随意地使用。对于大多数人来说，它意味着糟糕的事件或者经历，它带来的阴影挥之不去。你不会忘记它。它能够对你造成长期的影响。

我们一直都知道，在战争中目睹的死亡和屠杀，能够改变一个人。几个世纪以来，敏锐的人类行为观察者已经详细阐述过战争所导致的严重的情绪和行为问题。在公元前800年，荷马史诗《伊利亚特》就描述了埃阿斯与创伤相关的情绪恶化。四百年以后，希腊历史学家希罗多德描述了马拉松战役后战士们的创伤症状，包括癔症性失明和情绪倦怠。与创伤相关的心理疾病在美国内战后被称为“应激性心脏病”，在第一次世界大战后被称为“弹震症”。

我们的文学作品和电影中充满了“创伤”的故事，比如说，几乎所有超级英雄的故事都与创伤事件有关。我相信辛西娅·邦德的小说《鲁比》不是奥普拉读书俱乐部选出的唯一一本以创伤为核心叙事元素的小说。我打赌你们选出的80%的小说都是这种主题的故事。比如《伊甸之东》（*East of Eden*）[1]就是关于代际创伤[2]的大师级作品。

但学术界一直都很难对创伤进行定义，因此也很难全面理解它。其中的挑战有一部分是因为，何为“糟糕事件”是一种主观看法。

举例来说，一所小学发生了火灾，一位经验丰富的消防员可以直接走进火场，把火扑灭，这是他的日常工作。但一个一年级学生如果目睹他的教室突然起火，肯定会在几分钟之内体验到强烈的恐惧、困惑和无助。这个例子可以说明理解潜在创伤事件中的一个关键问题：具体的个人是如何体验这起事件的？这个人的内心发生了什么？他的应激反应是不是以极端或者长期的模式被激活了？

● 奥普拉：也就是说，同一起事件引发的内在体验因人而异，所以不同的人受到的长期影响也是不一样的。

---

1 《伊甸之东》描写了两个移民家族从美国南北战争直到第一次世界大战结束，长达半个世纪三代人的命运，运用象征和写实交融的手法，描绘了善与恶之间的斗争。——编者注

2 心理创伤在一代人发生以后，影响下一代，甚至影响下下代的心理现象，叫作代际创伤。——编者注

○ 佩里医生：是的。任何长期影响都与多种因素相关，包括你的应激反应的性质（比如，是唤醒、解离，还是两者结合），还有反应的强度和模式。

想象一下，那个一年级学生对发生在自己教室中的火灾感到恐惧；而一名五年级的学生在教学楼的其他地方——他不会感到遭受了威胁。对他而言，那团火只是让人有点紧张，因为他和直接威胁的距离更远，所以他自始至终都会感到安全。

于是我们在同一事件中看到了三个人，每个人的体验都不一样。因为体验不同，应激反应也就不同。依靠自己的多年经验和练习，消防员的应激反应系统只是被适度激活，这起事件对他而言是可预见的和可控制的。对于他，这是一次建立复原力的经历，而不是一次创伤。

对于五年级学生，他的应激反应系统被暂时激活。再过差不多一个星期，这次激活中的急性反应就消失了。他恢复到稳态，再次平衡，没有遭受创伤。但对于那个一年级学生，他的应激反应系统被高度激活，将会变得过于敏感（见第二章的图三和第三章的图五）。

● 奥普拉：所以，我们可以说那场火灾是一次创伤吗？

○ 佩里医生：对于那个一年级学生，是的，但对于那个五年级学生则不是。五年级学生有一次急性应激反应，几个星期之后就回到稳态。对于那位消防员，就像我刚才说的，这是一次建立复原力的经历。

这就是研究创伤压力的挑战。如果我们没办法提出一个更标准化的定义，又如何研究创伤造成的影响呢？

为了应对这一挑战，物质滥用和精神健康服务管理局（SAMHSA）

召集了一批学者和临床医生。他们对创伤做出了一个“3E”定义，阐明了我们刚才谈到的问题：创伤有三个关键因素——事件（Event）、体验（Experience）和影响（Effect）。这三个因素的复杂性在临床工作和研究中都应该予以充分考虑。

我知道，这个定义仍然太宽泛，不令人满意。该如何定义创伤的困境还没有完全解决，导致了这个术语的持续滥用。

就以现在举例，我们对话的时候，正处在一场全球性的疫情中。有人会说：高中生和大学生没有了毕业典礼，这就是一种创伤。还有人会说：在学校里必须戴口罩，对于一个孩子也是一种创伤。甚至可以说，这次疫情对所有人都是一种创伤。

而其他人，比如我，则会说：坚持一下，有些事也许的确带来了很多不便和麻烦，甚至是悲剧，但它们不一定就是创伤，而且肯定不是所有人的创伤。一场疫情从很多角度来讲都是公共事件，但我们每一个人都会有自己独特的体验。我们之中有许多人没有染病，没有失去工作，也没有无家可归，没有经历过亲人和朋友的死亡。一些人享有的特权会暴露，比如我，而另一些人的脆弱也会显现。公共系统中的不平等和缺陷将被放大，那些拥有资源最少的人最有可能遭受创伤。但对于许多人，这次经历虽然会带来压力，但不会成为创伤。

在我看来，对于创伤的理解，一直都和特定事件造成的大脑应激反应系统的变化联系在一起。这些特定事件可能是显而易见的严重问题，比如受到父母的身体虐待，但我认为创伤也可能产生自更加隐晦的、不那么明显的经历，比如父母的言语羞辱或贬低，或者其他精神虐待，或者是少数族裔儿童在主流人群中被边缘化的体验［在“外团体”[1]的体验中长大会对应激反应系统造成致敏变化（见第二章，图三）]。这些可能会对大脑和身体的其他部位造成长期的创伤后影响。

对于健康的具体影响将取决于其他各种因素，包括遗传脆弱性、创伤事件发生时你处于哪一个发展阶段、你在遭受创伤之前的经历、你的家庭创伤史，以及健康的人际关系、家庭和集体所产生的缓冲力量。要理解“你经历了什么”与你的健康有着怎样的联系，关键就在于理解应激激活模式对于调节和平衡的影响——在心理、身体和社会等各个方面都是如此。

据估计，45%的儿童心理健康障碍和30%的成人心理健康障碍与童年逆境经历有着重要的相关性。这些评估与其他研究结果一致。这些研究表明，有过童年创伤或童年逆境经历的人，出现严重抑郁、焦虑、精神分裂和其他精神障碍的风险会增加。

● 奥普拉：我们再谈谈你所说的ACE吧，也就是童年逆境经历。请详细解释一下，什么是ACE，ACE研究又是怎样帮助我们更好地理解创伤对健康造成的影响的。

○ 佩里医生：最早的有关ACE的研究内容在1998年发表。研究者创建了一个简单的包含十种逆境的问卷，这些逆境可能会发生在人生的前十八年（见图七）。在最初的调查中，共有一万七千名成年人填写了问卷，获得了从0到10的ACE分数，然后研究者们又调查了这些成年人的身体、心理和社会健康状况。

---

1 外团体（out-group）指某群人觉得他们不属于某些特定团体，对其缺乏认同感，相对于该团体，他们会产生外团体的感觉，身处其中感觉如同圈外人一般。——编者注

图七 / 童年逆境经历调查问卷

在你的十八岁生日以前，如下这些描述你符合几个？符合计1分，不符合计0分。

1. 你的父母或者家中其他成年人是否经常或者频繁地……

   威胁你、辱骂你、伤害你的自尊、贬低你或羞辱你？或者对你有任何行为导致你常常害怕会被对方进行身体伤害？

   不符合______符合______

2. 你的父母或者家中其他成年人是否经常或者频繁地……

   推搡你、抓扯你、打你、抽你耳光或者用东西扔你？甚至在你身上留下了明显的伤痕或伤口？

   不符合______符合______

3. 一个成年人，或一个比你至少大五岁的人是否曾经……

   猥亵你或者让你抚摸他们的身体？试图或者真正与你进行口交、肛交或发生性行为？

   不符合______符合______

4. 你是否经常或者频繁地感觉到……

   你的家里没有人爱你，没有人认为你是重要的、特别的？或者你的家人不会相互照顾、相互亲近、相互支持？

   不符合______符合______

5. 你是否经常或者频繁地感觉到……

你没有足够的食物，只能穿脏衣服，没有人保护你？或者你的父母总是喝太多酒，或是只忙于其他事情，根本没时间照顾你，也不会在你生病的时候带你去看医生？

不符合______符合______

6. 你的父母分居或者离婚了吗？

不符合______符合______

7. 你的母亲或者继母……是否经常或者频繁地被推搡、抓扯、抽耳光或者被东西砸？或者有时、经常、频繁地被踢、被拧、被用拳头或者坚硬的东西殴打？或者有过被持续殴打至少几分钟的情况？或者受到枪或刀的威胁？

不符合______符合______

8. 你是否曾经和酗酒或吸毒的人住在一起？

不符合______符合______

9. 你的家庭成员中是否有人抑郁或患有精神疾病？是否有人曾经尝试自杀？

不符合______符合______

10. 你的家庭成员中是否有人曾经进过监狱？

不符合______符合______

现在，请将你所有“符合”的得分相加：这就是你的ACE分数。

最初的ACE流行病研究发现，ACE评分与成年人生活中的九种主要死亡原因之间存在相关性。这意味着，你在童年时经历的逆境越多，你的健康风险就越大。之后使用相同数据进行的研究表明，成年人的ACE得分与自杀风险、心理健康问题、药物滥用以及其他一系列问题之间存在类似的相关性。

这些ACE研究是对我们一生极为重要的流行病学研究之一，已经被重复进行了多次。一开始，这项研究几乎被医学界和公众所忽视，然而在最近十年里，它变得广为人知，但这又让它遭到了广泛的误解。

● 奥普拉：在哪些方面的误解？

○ 佩里医生：问卷的设计形式让最初的调查工作受到了一些阻力。当时调查问卷的主要对象是中产阶级白人，所以人们质疑调查结果是否适用于其他人群。另一个问题是当时的ACE问卷只列出了十种逆境，漏掉了许多其他的潜在创伤经历。

对于这项研究的主要误解是人们混淆了相关性和因果关系。ACE得分高，并不意味着你就会因此得心脏病。它只意味着你得心脏病的风险会上升。

● 奥普拉：这确实会引起误解。

○ 佩里医生：并非每一个身材高大的人都会是好的篮球运动员，也并非所有优秀的篮球运动员都很高。不过整体而言，在大学篮球赛上，队员平均身高六英尺五英寸（约为一米九六）的球队要比平均身高五英尺五英寸（约为一米六五）的球队表现更好。同样地，ACE分数为5只意味着你可能比ACE分数为1的人生活得更艰难一些。

让我们想象一下，如果你走进一所大学，找到所有身高六英尺五英寸的学生，你会发现他们之中只有几个是篮球队员。其余那些人也许身体缺乏协调性，不擅长运动。ACE得分也是如此。许多ACE得分为5的人都很健康，他们生活积极，成就卓著，并没有陷入困境，而一些ACE得分为1的人却有着严重的心理问题。

这里要再次强调，ACE研究非常重要，但ACE分数对于个人情况并没有真正的预示作用，也不能作为临床工具使用。它只是对“你经历了什么”进行了非常表面性的检视——这与真正理解我们的人生旅程所需要的深入和漫长的探索完全不同。想想看，如果你只是分发一份包含十个问题的问卷，从每一位被调查者那里得到一个数字，那么你的调查会是多么片面和表面化。ACE分数不会讲述被调查者的人生故事。那个数字不可能代表他们的故事。

ACE分数不会告诉你压力和痛苦发生的时间、模式和原因，也没有告诉你缓冲或者疗愈的方法。它还忽略了在健康和风险预测中涉及的一些最重要的变量。

我可以从我们的工作中给你举两个例子。这些年来，我们从二十五个国家、超过七万人的案例中收集到大量数据，其中包括幼儿、儿童、青少年和成年人。在记录创伤和逆境经历的详细情况的同时，我们还记录了各种“关系健康”的情况（从本质上讲，就是一个人与外界的连接感，即与家庭、集体和社会的连接，以及这种连接的性质、质量和数量）。

我们的重要发现是，比起一个人的童年逆境经历，他的关系健康情况——他与家庭、集体和社会的连接——能够更好地预测他的心理健康状况（见图八）。这与其他研究者对于积极关系影响健康的研究成果相似。一个人和外界的连接具有与逆境抗衡的力量。

图八 / 发育经历的影响

逆境经历和连接的平衡

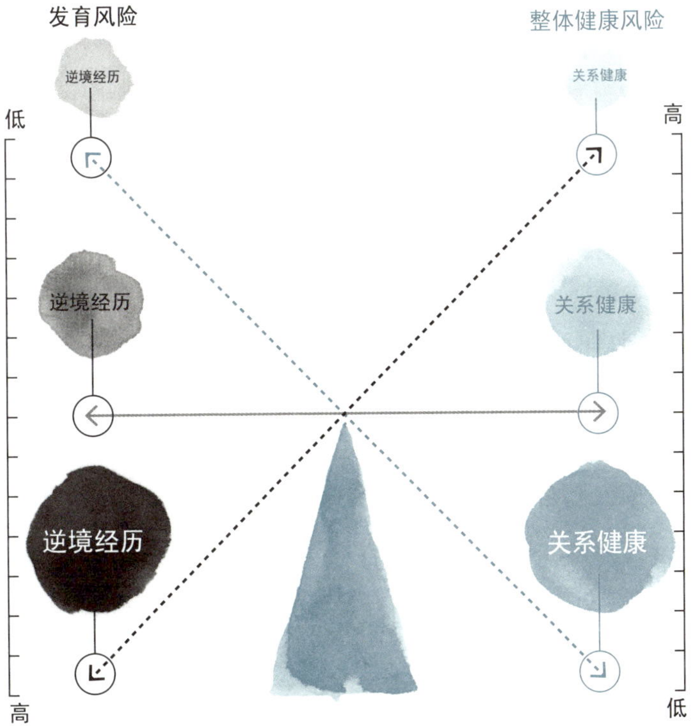

轻微程度的逆境经历，加上良好的关系连接（蓝色虚线），带来的发育风险，心理、社会和身体健康方面的风险都较低。与之相反，严重程度的逆境经历加上不良的关系连接（黑色虚线）会提升发育风险和整体健康风险。

我们的第二个重要发现是童年逆境经历发生的时间不同，整体的风险情况也会有巨大的改变。简单地说，如果你在两岁时遭受了创伤，它对你的健康造成的影响要超过你在十七岁时遭受同样的创伤。遗憾的是，ACE问卷不会帮助你对此进行区别。它只会确认在你人生的前十八年中是否有那十种逆境经历。

如果我们深入一点观察发育中的风险的时间问题，就会得出一个强有力的结论。基本上，生命最初两个月的经历对一个人的长期健康和发育有着极为重要的影响。这肯定和生命早期大脑的快速生长，以及那些重要的核心调节网络的构建有关（见第二章，图二）。

如果在生命最初的两个月里，一个孩子有着严重程度的逆境经历，同时又没有足够的关系作为缓冲，但他在之后的十二年中进入了一个健康的环境；另外一个孩子在最初两个月有着轻微程度的逆境经历，并且拥有健康的关系，但之后的十二年中有严重程度的逆境经历，二者相比，前者的最终结果会更糟。

想想看：有两个月逆境经历的孩子，结果要比有几乎十二年逆境经历的孩子结果更糟，这都是因为逆境经历发生的时间不一样。

这个结论听起来让人感到沮丧，但我们相信这种令人痛心的结果不是必然。事实上，我们认为这恰恰是一个很好的例证，说明我们为什么需要了解发育经历，构建创伤感知系统。

回想一下我们之前关于婴儿应激反应系统的对话。那时我们讨论了照顾者对婴儿的积极关注和回应，多么有助于婴儿产生适度的应激反应。而如果最初两个月的生命体验中存在不稳定或不可预见的压力，这种应激激活模式就会产生过度敏感的应激反应（见第二章的图三和第三章的图五）。这会导致一系列与创伤相关的问题。哪怕这些孩子之后不再处于高风险环境中，他们的问题依然要由护理人员、儿科医生、心理治疗师和教育工作者来解决。但如果这些人误解了实际情况，如果我们的研究和治疗体系只专注于“你出了什么问题”——很不幸，人们通常都是这样做的——那么遭受创伤的孩子情况就不会好转，只会继续在自我的困境中挣扎。如果不从发育和创伤的角度来看待那些孩子的情绪反应和行为问题，对他们的干预措施就是无效的。

我们相信，如果这些孩子的家庭、学校、卫生保健和精神健康体系关注的问题是“你经历了什么”而不是“你出了什么问题”，孩子们应该能拥有更加快乐和健康的人生。

我们已经认识到了婴儿早期的力量和潜能。想想看，年轻父母仅仅给孩子几个月稳定的和可预见的支持，就能对孩子产生重要的影响，让孩子的人生有一个积极的开始，帮助他们发育出更具有复原力的应激反应系统。而这些得到良好调节的应激反应系统又会帮助大脑的更高层级健康发育。

● 奥普拉：这表明了早期干预是多么重要。如果我们能在新生儿降生的最初几个月为年轻的父母提供支持，那就相当于为他们的孩子建立复原力提供了强效维生素。

○ 佩里医生：在我看来，其中真正吸引人的地方是——短暂却积极的抚养互动所产生的力量。我们调查过的一些孩子只是在生命最初的两个月里得到过积极关注和回应，之后他们的世界就崩塌了。在那最初两个月的积极正向的生活之后，是多年的混乱、威胁、动荡和创伤，但他们的情况要比一开始就经历创伤和被忽视，之后多年却能得到关心和支持的孩子好很多。重要的是时机。在生命早期与孩子的积极互动具有不可低估的价值，哪怕这些互动只持续很短的时间。

● 奥普拉：时机至关重要。但如果一个人在生命早期没有能够得到他所需要的会怎么样？还可以弥补吗？那时遭受的创伤可以被治愈吗？

○ 佩里医生：当然。这里有个好消息，我们在后面的章节中会探讨更多相关内容。但现在，关于时间和时机的问题仍然是我们关注的重点。涉及关系连接和调节的神经网络在短时间内反应非常灵敏，这意味着有意义的互动治疗时间并非每周四十五分钟。我们发现，当你应对严重创伤的时候，“可耐受的剂量”只有几秒钟。

● 奥普拉：真的吗？

○ 佩里医生：你只能坚持几秒钟，重访你的创伤经历的那些片段，之后你的大脑就会开始采取行动，保护你免受痛苦。前一段时间，我在一个由我负责治疗的三岁男孩的身上就看到了这种情况。

有一天，歹徒闯入这个男孩的家。当时他正和他的母亲坐在一起，他亲眼看着自己的母亲被歹徒杀害。我们立刻开始对他和他的父亲进行心理疏导。大约六周之后，他父亲给我打电话说：“我儿子有自杀倾向。他刚才试图自杀。”

三岁大的孩子很少会自杀，我问那位父亲，当时发生了什么。他说：“我们正说着妈妈不在了，他突然就跑进了车流里。”我请他确切地描述一下到底发生了什么。他告诉我，他当时正在杂货店结账，他的儿子坐在购物车里。那个男孩看着收银员说：“我妈妈死了。她被人杀死了。”

收银员说：“哦，小宝贝，我听了很难过。”事情就是这样。但父亲担心儿子可能还想说些什么。他认为：我们要把该说的话说出来，我们要正视我们的创伤。于是，当他们走到停车场的时候，他问儿子："你在想妈妈吗？"

男孩没有回答。他的父亲又说道："你知道，我很想你妈妈，我们可以聊聊这件事。"

父亲的声音很轻柔，让男孩想起了和妈妈在一起的充满爱的时刻。但重访那些温情时刻对男孩来说是被动的，他无法控制，也根本承受不了。就在父亲说话的时候，这个小男孩开始晃动身体，发出呻吟，然后捂住了耳朵，身体晃动得更加剧烈——他在努力调节自己。

父亲试图用言语安慰他，"我们可以聊聊妈妈。"但男孩跳出了购物车，父亲还在说话，他跑向了停车场。

当唤醒反应被激活时，会有一系列按顺序出现的可预见的行为。唤醒反应被激活之后，首先会关闭大脑顶层部分（见第三章，图六）。大脑的较低层区，也就是原始的部分活跃起来。这个可怜的小男孩负责思考的脑区被关闭了。他并不打算自杀，其实他没有任何"打算"。他只想"迅速逃离"，逃离母亲被杀死的痛苦画面——由于他父亲的深入询问而被唤醒的那个画面。

这位父亲的本意是好的，但如果将这一整个过程看作一次治疗，那么这次治疗所用的"剂量"是不合适的。所以，回到时间问题上，当这个小男孩抬起头去看收银员的时候，他看到的是一位年纪和母亲相仿、有着同样头发颜色的女性。这是一个唤醒线索。在那一刻，他回到了关于母亲的记忆中，想起了那场谋杀。他看着收银员，做出了一个简短的描述——最多五秒钟——然后就安心了。这就足够了。痛苦记忆中的一个小片段——这是他能够控制的重访治疗的"剂量"。通过可控制的、短暂的重访，敏感化的神经系统缓慢而痛苦地恢复原状。在理想情况下，生活中那些有爱心的、体贴的人都能提供这样的治疗帮助。

想一想你如何处理自己生活中的困难。对于非常棘手的事情，你不会想要在四十五分钟时间里连续不断地谈论你的痛苦、绝望或恐惧。你只想和一个真正的好朋友谈一谈那件事的某些方面，也许只需要两三分钟。当你感觉太痛苦时，你会想要置身事外，想要转移注意力，也许你想以后再谈这件事。这才是真正能够起到疗愈作用的“剂量”。只需片刻。他人全身心的陪伴和倾听，时间虽短，但有力量。

● 奥普拉：听你这样说，我真的是非常感激我和盖尔·金的关系。自从我们在1976年相识以来，她就成了我一生的知己。那时我们是巴尔的摩新闻电视台的同事。尽管我们现在居住在不同的海岸、不同的时区，都非常忙碌，但我们每天都会聊聊天。我一直都是她的心理治疗师，她也一直都是我的心理治疗师。我从没有去看过真正的心理治疗师，我觉得我们的关系，我们共同经历所有的事情，我们彼此交换想法——这都是治愈的良药。

○ 佩里医生：你们会在谈到一些事的时候改变话题，过一段时间又会绕回到这件事上。

● 奥普拉：是的，我们会聊起其他好笑的事，又扯到一件新的事情。然后我们也许会聊回到那段困难的经历，也许不会。当你和闺密聊天的时候，总是这样。

○ 佩里医生：没错。这就是疗愈。这是疗愈体验的本质。

● 奥普拉：你最终会感觉更好，因为你已经把情绪释放出来，内心变得更强大，就像那个小男孩，他的感受得到了收银员的倾听，因此安下心来。

○ 佩里医生：是的！积极的人际互动是有益的。这是一个奖赏、调节和建立关系的过程。

● 奥普拉：我刚刚灵光一闪！原来一个人真正希望的是另一个人确认他的感受。当他说“嘿，我没有疯。我会这样想，这样感觉，是因为我发生了一些事。我做出这样的反应有原因”的时候，他希望有人能表示认同，告诉他“我理解你这种感受”。

○ 佩里医生：正是如此。当别人真正地“看到”你、“听到”你的时候，他们就是在帮你进行调节。比如那个小男孩，在之后那些年里，他的父亲、祖父母、邻居、朋友和老师和他进行了成千上万次细微而积极的互动，让他得到了奖赏、调节和疗愈。这些都帮助了他。今天，他已成长为一个健康、乐观的年轻人。失去母亲的确给他带来了悲伤和未被满足的渴望，但那都过去了。他的心态是开放的、乐观的和善良的。他没有精神失常，没有沉浸在悲伤中，也没有被创伤毁掉。我们对他进行的正式治疗持续了大约一年，而其他许许多多个治疗时刻发生在每一天，持续了二十年。是这些治疗时刻真正帮助他从三岁时被创伤摧毁的自我中重建一个健康的内心世界。

● 奥普拉：这个小男孩有没有创伤后应激障碍？我们所了解的创伤后应激障碍大多来自上过战场的老兵，就像第一章讲到的罗斯曼先生。但我知道，任何年龄发生的创伤都会导致创伤后应激障碍，对吗？

○ 佩里医生：是的，任何年龄发生的创伤都能够导致一系列症状，就是我们所说的创伤后应激障碍。这个男孩的确有创伤后应激障碍。也许你还记得创伤的那三个组成部分，也就是3E——事件、体验和影响。创伤后应激障碍就是关于影响的。它是一种特定的综合症状——或者是一系列综合症状——它会在一个或多个创伤事件之后发生。《精神障碍诊断与统计手册》将其列为精神障碍的一种，这本书是绝大多数临床医生用于鉴别精神健康问题的指南。

一个人在经历一个或多个创伤事件之后，需要有四种典型症状，才能被诊断为患有创伤后应激障碍。就像我们提到过的，那位参加过朝鲜战争的老兵迈克·罗斯曼会被摩托车回火声触发异常反应，所以他有创伤后应激障碍。

第一种是侵入性症状。包括不愿想起的创伤画面和记忆在头脑中反复出现，不断做与之相关的梦或噩梦。我们可以这样看：这是大脑为了理解世界付出的努力。当一起创伤事件发生的时候，它的威胁性远远超过了我们的一般经验，我们过去的认知模式不再适用。还记得我们之前的讨论吗？我们的心智总是在努力保存我们在生命早期创建的世界观：人们是好的。父母会保护我们。学校是安全的。心智想证明我们所相信的，于是它会保存支持这些信念的事物——我们的世界观——同时忽略不支持这些信念的事物。但创伤会粉碎这种内在信念，让你的世界观被颠覆：人们是不能信任的。我害怕我的父亲，他伤害我。在学校里，我的朋友遭到枪击。

创伤对你来说有如遭遇海难，船只沉没，你只能重建自己的内心世界。而疗愈的过程，也是重建行动的一部分，就是重新审视你被粉碎的世界观。你在残骸中寻找仅存之物。梦境、关于创伤的侵入性画面和对于创伤过程的重访，都是你的心智在努力理解新的现实世界。你回到船只沉没的地方，一块一块地找到碎片，把它们转移到一个更加安全的新的地方——你已经改变的内在信念。你用这种方法建立起新的世界观。这种重建需要时间，需要你多次去查看遭遇海难的船只残骸。这一过程包括无意识和有意识地重复“情景再现”行为，或者通过书写、绘画、雕塑和表演的方式对创伤进行重访。一次又一次，你重新回到那场海难，在残骸中寻找碎片，再把它们转移到安全的避风港。这是疗愈过程的一部分。我只是简单说明一下这个非常复杂的过程。当我们着重讨论疗愈的时候，我还会再做详细说明。

第二种是回避性症状。一个人因为重新接触到让他回忆起创伤事件的人、地点或其他因素而感到痛苦时，会出现这种症状。还记得吗？罗斯曼先生说他讨厌独立日，因为他意识到那天放的烟花对他是一种唤醒线索，所以他会回避与之相关的庆祝活动。从某种角度讲，创伤体验会带来一种不可控感，而回避行为就是试图重新获取可控制的感觉。不要忘记，回避是面对威胁时的解离反应的一部分表现（见第三章，图六）。当一个人处于不可避免的痛苦境地时，回避行为可以起到保护作用。

即使大脑中没有过往创伤线索的直接连接，找不到与之相关的清晰记忆，一个人也会发展出回避行为。当幼年的抚养关系中存在虐待和创伤的时候，这种情况就会发生。如果孩子在亲密关系中遭受虐待（比如说被父母虐待），他们会认为亲密关系——情感和身体上的接近——是有威胁性的。他们常常渴望与人交流，却又在接近他人的时候感到焦虑、困惑或不知所措。他们会在一段关系中避免亲密接触，如果亲密接触无法避免，他们就会阻碍或者破坏这段关系。这是发展性创伤中最常见，却又最不受重视的影响之一。

● 奥普拉：所以，如果一个人有创伤后应激障碍，只要来自创伤的记忆被激活，他就会在那一瞬间被触发。每个人被触发后的反应是不一样的，创伤后应激障碍的反应程度与创伤事件对人最初的影响成正比。

○ 佩里医生：还记得我们之前讨论过的大脑通过制造连接创造记忆吗？创伤经历会创造出一系列与创伤相关的记忆。这些记忆会被连接到曾经在相应创伤事件中被激活的那一类应激反应上。

我们来回顾一下杰西的故事，就是那个曾陷入昏迷的男孩，他对不同的唤醒线索有两种截然不同的反应。对于迈克·罗斯曼而言，摩托车回火声成为激活唤醒反应的线索——因为他的唤醒反应最初是在战场上被激活的。枪声或者摩托车的回火声会加快他的心率，让他下意识地做出躲避和寻找掩体等动作。

但对于其他患者，像开枪一样的声音也许会引发完全不同的反应。我曾经有过一位患者，她叫比莎，是来自索马里的一个年轻难民。她经历过残暴的部落战争。她的弟弟被迫向她的父母开枪，而她只能无助地在旁边看着。在她去加拿大之前，她还经历过其他许多创伤。就像迈克·罗斯曼一样，枪声也成为比莎的刺激线索。只是迈克听到枪声时会有唤醒反应，而比莎却会进入解离反应的僵住状态。她的创伤经历包含了许多无法逃避，又难以忍受的痛苦时刻。她的反应是躲进自己的内心（见第三章，图六），所以她的心率会下降。在极端情况下，她会昏厥。只要听到意料之外的巨大声音，她就会联想到枪声，突然间崩溃，直到失去意识。

我的一位同事是新闻记者，他曾经在为卢旺达内战受害者建造的第一批难民营中待过。那里有一些人总是像僵尸一样转来转去，面无表情，沉默不语。我的同事正想询问为什么他们之中的一些人要戴着头盔，难民营周围的丛林中突然响起了枪声，有几个人立刻晕倒在地。他们戴着头盔，这样当他们摔倒的时候，头才不会撞伤。

● 奥普拉：这就是你所说的过度活跃并且过度反应的解离反应，对吗？

○ 佩里医生：是的。我们再接着说创伤后应激障碍的症状。前面已经讨论了两种症状——侵入性症状和回避性症状，现在我们要说到第三种：认知和情绪的负性改变，包括抑郁症表现——悲伤、无法因任何事情感到喜悦、有负罪感、过分关注负面的事情，以及情绪上和身体上的一种深度疲惫。

最后，第四种症状是唤醒反应的改变，与应激反应过度敏感和过度活跃有关。症状包括焦虑、高度警觉、惊吓反应增加、心率快而且不规律，以及睡眠问题。

当一个人出现以上全部四种症状的时候，《精神障碍诊断与统计手册》就会将其确认为创伤后应激障碍。但需要注意的是，创伤后应激障碍不是创伤对我们心理和身体健康的唯一影响。我们在这一章开头讨论过的创伤负面影响也会对一个人的生活造成同样严重的损害。实际上，创伤的长期影响并没有在创伤后应激障碍症状中表现出来。

● 奥普拉：正如你所说，我一直在想：抑郁、焦虑、创伤后应激障碍——当我们谈到创伤对心理和情绪健康的长期影响时，这三种情况是最多的。那么，如果我们知道有五千万儿童遭受过创伤，那就意味着有无数的成年人在生活、工作和人际关系中背负着伤痛，又再传递给他们的孩子。而这些成年人甚至可能完全没有意识到他们究竟是怎么了。

○ 佩里医生：不仅是他们自己没有意识到，而且他们的父母、医生和同事都没有意识到。这导致了许多误解。有时候，这样的误解会造成悲剧性的后果。

我们讨论了许多照顾者的行为会如何影响孩子，有一个重要的问题不能忽视，那就是这些照顾者也曾经是孩子，曾经被他们的照顾者所影响。创伤的影响深远而且广泛，会跨越几代人和不同人群。重要的是，我们应该始终带着共情，回到我们的核心问题：你经历了什么？

第五章

连点成线

有些人是真心想要和别人建立良好的关系，他们甚至很擅长开始一段关系，但只是不擅长去维护。因为我们本质上是关系动物，所以这种缺陷在生理和心理上都是毁灭性的。它会导致被孤立、分离、孤独，在友谊、校园生活、就业和家庭方面都出现问题，甚至有可能把上一代传下来的错误的养育模式一代代传承下去。

在我成年后的大部分时间，夜晚的孤独对我来说充满压力。即使是在芝加哥，我住在一栋大厦的第五十七层，有保安和门卫看守，我还是感觉不到安全。在那栋大厦中住了几年以后，有一天晚上，我感到异常恐惧，不断告诉自己，我必须离开，因为如果我不走，就会发生非常可怕的事情。我从床上坐起来，离开家，住进了隔壁的酒店。在酒店里，我感觉安全了一些，因为没有人知道我在这里。我也明白，我的恐惧毫无道理，但这种情绪还是越来越严重。我知道，我需要搞清楚这到底是怎么回事。但我不知道该从何处着手。

与此同时，芝加哥发生了全国首例校园枪击案。1988年5月20日，劳里·丹恩走进温尼特卡北岸郊区学校二年级的一间教室，举枪射击。有六个孩子中枪，八岁的尼克·科温遇害。

枪击事件发生后，愤怒和痛苦的家长们呼吁将学校的门锁上，拴上铁链，并让保安看守。有一天，我读到一篇文章，解释了为什么校长拒绝采取这样的措施。文章中说，用铁链把门锁住会向孩子们传达一个信息——他们不安全。

突然间，正在阅读这篇文章的我猝不及防地哭了起来。

我不只是在为这些孩子伤心，也不只是为他们的家人在悲剧发生之后还要收拾残局而难过，而是因为这位校长拒绝将孩子们关起来的话触发了一段早已被我遗忘多年的记忆。

我在密西西比州长大。小时候，我一直和我的外祖母一起睡。我的外祖父有痴呆症，一个人睡在旁边的房间里。一天晚上，我突然惊醒，看见我的外祖父站在床边。刚才闭着眼睛时，我已经感觉到外祖母的恐惧，她慢慢重复着，声音里带着警告："厄尔斯特，回去睡觉。厄尔斯特，回去睡觉。"但外祖父没有回去。他在试图用双手掐住外祖母的脖子。外祖母用力将他的手推开，向门口跑去，一边高声呼唤一位被我们称作"亨利表哥"的邻居："亨利！亨利！亨利！"亨利和我们住在同一条街上，是一位盲人，而且当时已经是深夜。但他毫不犹豫地赶过来，帮助我的外祖母把外祖父弄回到他的卧室。然后外祖母用一把椅子顶住卧室的门把手，又找了一些空易拉罐放在床周围。第二天早上，她把这些空易拉罐系在一起，挂在门上。从那以后，我和外祖母同睡的每一个晚上，门上都挂着空易拉罐，门把手也被椅子顶住。我睡觉的时候，会仔细倾听那些易拉罐有没有被碰到。

当我看到这位校长说不会用铁链把门拴上的时候，我突然明白了。我外祖母门上的那些空易拉罐刚好传达了校长竭力要避免的信息，而且那位校长最不希望的就是这样的信息被年幼的孩子们接收到。铁链也许能保护孩子们，但在校长看来，持续不断地提醒他们那个创伤性的事件，让他们相信自己是不安全的——这只会造成更大的伤害。

我终于将那些散乱的点连接在一起，明白了自己为什么害怕晚上一个人在家。外祖父对外祖母的那次攻击发生在我们沉睡的时候，那是我们最脆弱的时刻。它造成了创伤。很明显，它给我留下了深深的情绪伤痕。就算是在成年以后，当我想要入睡的时候，我的大脑已经习惯了保持一种持续的唤醒状态，为抵抗攻击做好准备。

建立这样的关联之后，我才终于明白了我的睡眠问题产生的原因和影响，这将给我带来颠覆性的改变。虽然我依然能感受到多年以前来自外祖母卧室的那种深层压力，并做出反应，但我现在找到了解决办法，我学会了后退一步，观察自己的感受，选择如何度过恐惧。

认真思考一下你的反应模式，要知道你当前的感受和本能反应是有细微差别的。你要让自己活在当下，最终重新获得控制权。

——奥普拉

● 奥普拉：强烈的恐惧感有可能遗传吗？

○ 佩里医生：嗯，我可以展开来讲讲这个问题。

● 奥普拉：我早就应该想到，你不会简单地回答“是”或“不是”，对不对？你要讲得更复杂一些，对吧？

○ 佩里医生：是的，是的。因为你说到“我们经历了什么”——它以极为复杂的方式，影响着我们成为什么样的人。我们从过去几代人那里吸收各种东西，再把它们传给下一代。我们的基因、家庭、集体、社会和文化全都是这些东西的一部分。你问我恐惧感会不会遗传，这实际上是理解创伤，尤其是历史性创伤的核心问题。

让我们用对狗的恐惧来举例。这种恐惧可能是基于个人经历——比如说，小时候被狗咬过。孩子的大脑会在狗和威胁之间建立连接，就和罗斯曼先生在战场上的经历一样。但我们知道，有些人就算是没有真正和狗接触过，也有着对狗的深深恐惧。这种恐惧又是从哪里来的？我推测这种恐惧可能来自跨代传递（见图九）。比如，一个人成长的环境中，狗被训练用于狩猎、追踪和攻击人类。研究殖民化和奴隶制度的著名学者泰勒·帕里就曾经将猎奴犬描述成“调教和支配黑色身体的最有效和最可怕的工具”。经历过许多世代之后，狗在南方仍然被用来威胁和恐吓民权游行者，这更加深了许多人对狗的跨代恐惧。还记得我们讨论过的关于情绪感染的问题吗？想想看，当一个孩子在看到狗的时候，突然被父母用力握住手；或者被紧紧牵着手匆匆跑过街道，好躲避一个遛狗的人，那时孩子的心中也会“感到”恐惧。祖父母的恐惧变成了父母的恐惧，之后又变成了孩子的恐惧。

只有了解我们继承了什么，以及我们是如何继承的，我们才能洞悉该如何做出有意识的改变——无论我们要改变的是个体层面（比如创伤后的疗愈），还是文化层面（比如识别并改变滋生种族主义的破坏性政策）。

● 奥普拉：多年以来，我一直在和作家兼精神导师伊雅娜·范赞特（Iyania Vanzant）讨论，我们怎么会在这么多方面都继承了祖先的特质。伊雅娜说："每个家庭都有自己的思维、信仰、行为模式和反常之处。这些都会像身体特征一样，代代相传。"伊雅娜还说，我们只喜欢赞颂前人的优势和成就，"这些我们意识到的和没有意识到的特征中，有一些的确强大而有益，另外一些则不是。"

所以我很好奇，科学是怎样解释这个问题的？从生物学角度来看，某些心理特质、情绪特征和行为模式能不能在很长的时间跨度中从一个家庭成员传给另一个家庭成员？

○ 佩里医生：绝对会的——这些都会代代相传。我们有多种方式可以将这些特征传递下去（见图九）。比如你提出的关于恐惧的问题。严格来说，当你问我们是否会继承恐惧感的时候，你问的实际上是这种特质会不会在我们的基因中被编码，从我们的父母那里传给我们。这个问题的答案其实有一点模糊。

但如果我们问一个略微不同的问题，"恐惧是否会代代相传？父母的恐惧情绪会不会传给孩子"，那么答案就是绝对的"是"。

就像我们说过的，我们的核心就是以关系维系的个体——是社会动物。正因为如此，我们在神经生物学层面与他人交流。我们大脑的一部分在不停地监测着我们周围的人。

图九 / 跨代传递机制

基因

——DNA

表观遗传（基因表达的修饰和控制）

——组蛋白修饰

——DNA 甲基化

子宫内

——母体环境（例如：压力）

——环境毒素

——其他（例如：酒精、毒品）

围产期

——依附关系（形成主要调节和关系核心）

出生后

——以家庭为媒介（例如：语言、价值观和信仰）

出生后

——以教育、社区和文化为媒介

我们一直在努力理解其他人的意图和感受，这是我们理解世界的一部分。我们在不断感知和吸收周围人的情绪。对于和我们相处时间最长、最为依赖的人，这一点尤其重要。特别是孩子，他们非常容易被周围人的情绪感染。想一想你刚才分享的那段经历——你和你外祖母的故事。你感觉到恐惧，是因为外祖母的恐惧传递给了你——你“接住”了她的恐惧，把它带进你这一代。

● 奥普拉：是的，我能感受到她的恐惧。她是一个坚强的女人，一直在打理这个家。对她来说，恐惧是一种不寻常的反应，所以我知道我们正面临危险的局面，这让我有了细胞层面的变化。

当我想到非裔美国人社区时，我就知道创伤可以追溯到好几代人——直到奴隶制时期。数百年来，种族主义、种族隔离、暴力、恐惧和核心家庭的解体所带来的创伤被内化，所有这些创伤都在个体的微观层面上被不断复制和重演，最终才在社会的宏观层面上被看到和感受到。这就是为什么2020年的“黑人的命也是命”（Black Lives Matter）的抗议活动如此声势浩大。因为微观层面的个体和宏观层面的社会都达到了痛苦的顶点。

○ 佩里医生：我想说的是，如果我们能更好地了解这种痛苦——这种创伤——是如何代代相传的，我们就有更多的机会能够主动而有效地阻止它。

于是问题又回到了“传递性”，也就是情绪传播。“传递性”这个词本身是用来描述一种特质（或技能、信仰等）从一个人传给另一个人的能力。在只讲西班牙语的家庭中长大的孩子会说西班牙语，但他们并没有“继承”西班牙语。在声音和图像之间进行联想的能力主要来自遗传，但我们将这种遗传能力转化为语言的具体方式却并非遗传。人类没有讲汉语、英语或西班牙语的基因。

实际上，语言是可以传递的。在生命的早期，我们大脑皮质中和语言相关的系统是海绵状的，当我们与他人互动的方式涉及语言时，它们会发生变化。通过与婴儿说话，我们改变了他的大脑。婴儿就是通过这种方式学习自己家庭的语言。

这种同样的经验依赖过程也适用于其他特质，比如价值观和信仰。它们都不是依靠基因编码来传递的——它们被学习、吸收，有时被修正，又通过示范、有意的教导形成惯性，传递给下一代。有一些复杂特质的传递——如利他主义——首先需要有遗传基因作为上层建筑，但要将其纳入佛教、基督教或伊斯兰教的复杂信仰和实践中，则不是通过遗传。当你与一个家庭和宗族完全不同于你的人交往，你的遗传因素可能会让你保持警惕或防御心态，但种族主义是一套关于某个民族格外优越的习得性信念，从实践层面来讲，它只不过是权力、统治和压迫的实现手段。

我们说的语言，我们持有的信念——无论是好的还是不好的——都是通过经验代代相传。人类经验的许多方面都是被我们发明出来的，而不是简单地从我们的基因中产生。一万年前，人类有读书的基因潜力，但地球上没有一个人能够阅读；人类有弹钢琴的基因潜力，但没有一个人能够弹钢琴；人类有扣篮、打字、骑自行车的基因潜力——所有这些潜力都存在，但都没有表现出来。

人类远远超过其他任何物种的能力之一，就是能够把前几代人积累、提炼的经验继承下来，再把这些发明、信仰和技能传给下一代人。这就是社会文化的演进。我们向长辈学习，再发明新的东西，并把我们所学到的和发明的东西传给下一代。而让我们具有这种能力的器官就是人类的大脑——确切地说，是大脑皮质。正如我们之前所说的，大脑皮质是我们身体中最独特的部分，它产生了人类最独特的能力：讲话、写作、抽象思维、反思过去、规划未来。我们的希望、梦想和我们世界观的主要部分都是由我们的大脑皮质介导的。

● 奥普拉：那么，如果塑造我们世界观的前人经验都是负面的，这样的问题我们又该如何解决？

○ 佩里医生：首先我们需要意识到，世界的每一个方面都能够以强大的，而且经常是未知的方式影响我们。

我们的媒体、我们的机构和社会系统、我们的社区——所有这些都具有或多或少的偏见元素。在许多情况下，我们都在以悄然无形，却又异常强大的方式传递着强调优越感、支配感和压迫感的语言。

大脑皮质介导阅读、写作、数学、历史的学习，以及我们的信仰和价值观，具有神奇的可塑性。我们都知道，只要你一直接受重复指令——比如看字母、念诵单词、听别人朗读——你最终就会建立起自己的神经生理基础来进行阅读。阅读是我们学会的能力。通过模式化的重复，刺激特定的神经网络，我们改变了大脑。这是一种基于经验的技能代际传递。教育一个孩子就能改变他的大脑。通过大脑的改变，孩子不断长大，再把他所学到的东西教给下一代的人。这就是跨代传递——某些东西被一代人习得，再传给下一代。

我们的信仰也是如此——无论是人道主义的、富有同情心的信仰，还是充满仇恨和压迫的、非人道主义的信仰。大脑的可塑性——那种如同海绵一般，让婴儿能够吸收和学习父母语言的特性——也让儿童能够吸收对他有影响力的成年人的信仰，无论那是好的还是坏的。

因此，了解我们是如何往下一代传递的，这一点非常重要。如果我们想要传递的是人道主义的、富有同情心的价值观、信仰和行动，如果我们想要尽力减少充满仇恨的、破坏性的信念的传递，我们就需要注意我们让孩子接触的东西。他们是否会花时间与不同于自己的人进行交流？他们是否尊重多样性？他们是被教导去疏远和批评所有思想、言谈或者外表与他们不一样的人吗？偏见的代际传递是可以被摧毁的。我们可以停止将仇恨的、破坏性的、错误的信念传给下一代，但要做到这一点，我们必须对我们影响婴儿、幼儿和儿童的全部方式有非常清晰的认知。我们要注意孩子会在我们阅读的杂志中看到的画面，我们会欢迎什么样的人进入我们家，我们如何对待和我们不一样的人。而这还只是开始。我们的许多方面都需要改变，所有这些都能影响到跨代传递的过程。

● 奥普拉：这让我想起了我生来就知道的事情，随着时间推移，我的理解就更加深刻，那就是“事事皆重要”。发生在我身上的，发生在我母亲身上的，发生在我外祖父母身上的所有事，还有其他所有事情——一切都很重要。

○ 佩里医生：你自己的经历，你重复的祖先的经历，都会影响你的思维、感觉和行为方式。它们是你的健康的重要决定因素。意识到这一点可以帮助我们记住，我们现在所做的一切将在未来产生回响。我们的行为很重要，我们正在影响着下一代人。那么，我们是否时刻注意了呢？

● 奥普拉：我们的行为会产生巨大的涟漪效应——正因为如此，了解“我们经历了什么”对于我们的进化就更加至关重要。

○ 佩里医生：这就回到你那个简单的问题："强烈的恐惧感有可能遗传吗？"那么，我来完整地回答一下这个问题。

我们将"信息"传递给下一代的最重要的方式之一就是通过我们的基因。我们应激反应系统中的某些方面是有传递性的。传递机制在我们的核心调节网络功能中会起到作用（见第二章，图二）。

有一些人似乎具有一种受到基因影响的"耐受力"——他们能够承受各种各样复杂的感受和压力，和其他人相比更不容易失调。与之相反，另一些人似乎天生对压力的反应就很"敏感"，更容易被某种感觉的微小变化击垮，更难安抚。

除了与压力调节有关的遗传基因，还存在着可遗传的"表观遗传"因素。表观遗传学是我们这个领域中又一个被广泛使用，却又很少被人了解的术语，所以我先来做个简单的概述。

你体内的每个细胞都有相同的基因，但不是每个细胞都有相同的基因被开启。这是因为有些基因对骨骼有特异性，有些对血液有特异性，有些对神经元有特异性，等等。在发育过程中，肌肉细胞中与肌肉细胞有关的基因被开启，而与血液、骨骼和大脑相关的基因则被关闭。随着细胞变得特异化，它们的许多基因都被关闭了。

然而，在某些情况下——例如极度饥饿时——身体会向已经关闭的基因发送化学信息[1]，要它们重新开启：嘿，我们通常不需要你，但由于我们正在挨饿，我们必须更有效地利用糖和脂肪，所以我们要开启你来做这项工作。这些被称作表观遗传（epigenetic）改变——"epi"在希腊语中意为"在……上面"。因为基因序列并没有发生变

1 生物在生命活动过程中，会产生一些可以传递信息的化学物质，比如植物的生物碱、有机酸等代谢产物，以及动物的性外激素等，这就是化学信息。——编者注

化，但基因“上面”的细胞机制可以开启关键基因，关闭其他基因。这种基因表达的调节在我们体内持续进行，让我们始终处于平衡状态——调节良好以保持健康。

现在，就像我们已经谈到的，不同的应激模式可能导致神经系统敏感化，也可能激发复原力。在这两种情况下，表观遗传的改变都会涉及核心调节网络敏感性的改变。这是身体具有非凡的适应性的又一例证，可以通过改变来保持平衡状态。

在某些情况下，这些表观遗传改变将存储在卵子或精子中，被传递给下一代。回到几个世纪前，想象一下一个年轻人在非洲被俘虏，被残酷地奴役，戴着镣铐，忍饥挨饿，被贩奴船运到一个陌生的地方，从此以后，他的生活中就充满了失去、暴力和各种各样的创伤。他必须在这种极端的、多重的、持续的创伤中生存下来——就像数百万的杰出人类所做的那样——可能会产生一连串的适应性改变，直到基因表达受到调节。这里要说清楚，基因本身不会改变，实际上，正如我们之前所说，基因可以被开启和关闭。这个非洲年轻人的子女和孙辈仍然会被奴役，承受其他创伤，于是他们可以从这些表观遗传的分子适应性中受益。然而，同样正如我们所讨论的，拥有一个持续敏感的应激反应网络是有代价的。很可能几代人之后，在不同的环境中，曾经的适应性改变，变成适应不良。

想象一个出生时就有应激反应装置的婴儿，已经准备好应对创伤，面对一个不可预见的、混乱的、充满威胁的世界。但如果世界不再像以前那样极度混乱、充满威胁和不可预见，那么这个婴儿准备好迎接混乱的表观遗传改变，可能会导致他的世界观在创建过程中出现某种程度的扭曲。表观遗传学的研究仍然非常新，还有很多东西需要探索，但可以想象，我们的祖父母、曾祖父母和更早的祖先所经历的一切，对我们表达基因的方式有重大影响。还有——现在我可以回答你最初的问题了——我们祖先的经历对我们的恐惧感也有重大影响。

好消息是，大脑仍然是可改变的。正如你所期望的那样，调节基因的表观遗传机制是可逆的——如果不可逆，它们就不可能提供很多适应性优势。正如威胁和创伤会导致表观遗传的改变一样，积极的养育互动也可以逆转这些改变。人类生存的环境和挑战在不断变化，如果我们要让自己保持平衡状态，我们的生理机能也必须随之而变化。

● 奥普拉：我们之前谈到了童年逆境经历会如何影响我们，现在我们又谈到了情绪和行为模式、经验和信念是如何从上一代被传承下来。这在更深的层次向我们阐明，我们的首要任务一定是了解别人“经历了什么”，而不是他们“出了什么问题”。只是直到现在，还有那么多人没有机会搞清楚他们“经历了什么”，去理解那些发生过的事情只是他们的一部分，那些经历并不是他们的错。

那么，当我们学着将我们的过往历史与我们目前的情绪和身体健康联系起来时，我们需要关注哪些潜在的问题？

○ 佩里医生：其中一个最重要的方面是我们与他人联系的方式。人的发展性创伤会破坏我们构建和维持人际关系的能力。如果我们在被养育的过程中遭遇创伤或被忽视，我们读取和回应他人的神经网络很有可能会发生改变。当这种“依恋”[1]能力受损时，我们就会在友谊、

1　依恋（attachment）指个体与主要抚养者发展出的一种特殊的、积极的情感纽带，也指个体寻求并企图与另一个个体在身体和情感上保持亲密联系的倾向。——编者注

校园生活、就业、亲密关系和家庭方面出现问题，甚至有可能把上一代传下来的养育模式一代代传承下去。

● 奥普拉：有些人既不合群，又不能和别人和睦相处。他们会对老板发脾气，作为朋友也不值得信赖。他们总是会破坏新建立的人际关系。

○ 佩里医生：实际上，这些人几乎全都是真心想要和别人建立良好的关系。他们甚至很擅长开始一段关系，但只是不擅长去维护。当然，因为我们本质上是关系动物，所以这种缺陷在生理和心理上都是毁灭性的。它会导致被孤立、分离、孤独，还有其他各种相关问题，包括身体健康出问题的风险。

● 奥普拉：这已经不只是心理健康的问题了，正因为如此，家庭医生、保健工作者和所有领域的医生都不能只是考虑他们的患者身体有什么问题，而是还要想到患者经历了什么。

○ 佩里医生：是的。身体健康是另一个与发展性创伤有关的重要的潜在问题领域。正如我们所讨论的，发育过程中的逆境经历会增加各种健康问题的风险，包括心脏病、哮喘、胃肠道疾病和自身免疫性疾病。了解这些相关性可以改变我们诊断和治疗这些身体问题的方式。

糖尿病就是一个很好的例子。全世界有四点一五亿人患有这种疾病。在美国，这一数字大约为三千四百万，略高于总人口的十分之一，另有八千八百万美国成年人有前驱糖尿病和心血管代谢的风险。如果创伤改变了核心调节网络（见第二章，图二），就会出现普遍性的调节问题，包括对血糖和胰岛素释放的调节。糖尿病的风险和管理都与过往人生中的逆境经历有关。

● 奥普拉：嗯，我们在这里停一下。因为我知道会有人说“糖尿病是严格意义上的生理学问题”。但我们这次谈话所揭示的，以及你在过去三十年的研究中所证明的，就是这些问题不可能被割裂来看。身体健康和情绪健康是有紧密联系的。

○ 佩里医生：确实如此。我知道，大多数人——包括许多医生——在研究健康问题时，都会把“生理”和“心理”区分开来。而且医学界普遍会忽视与创伤有关的身体症状——如头痛和腹痛，但许多具有敏感解离反应的人都常常会受到这些症状的折磨。这里有一个例子，来自一个学术医疗中心在2020年发布的关于腹痛的资料。这是一个每天都在培训新医生的机构，而他们发布的正是他们当前的教学内容：“绝大多数反复腹痛的儿童和青少年都有功能性腹痛或非器质性疼痛，这意味着疼痛不是由身体异常引起的。”

这份材料对应给出的建议是：这种疼痛“是受心理影响”或“只是一种臆想”。这是一种轻视态度。事实上，许多与创伤有关的健康问题都这样被轻视、忽视和误解了。当我们对神经科学有了更多了解，知道我们的感官和大脑如何将个人经历转化为生理活动，就不会再有对生理和心理的人为区分。如果我们了解关于创伤的神经生理基础，就会知道敏感性分离性障碍导致的身体异常会造成并发性腹痛。我们将会理解，一个人看待世界的方式可以改变他的免疫系统；与朋友的积极对话可以影响病人当天的心脏或肺部功能。这种关联性变得更加清晰。正如你所说的，奥普拉，“事事皆重要”。

最重要的是，你会明白，归属感是具有生理意义的，与他人情感联系的中断（diconnection）会破坏我们的健康。创伤就是中断连接，而这会影响到我们身体的每一个系统。

我给你举个例子。我曾经为蒂拉做过一次心理咨询，她是一个生病住院的十六岁女孩，患有胰岛素依赖型糖尿病（IDDM），有时被称为青少年糖尿病。这里要明确一下，这种形式的糖尿病既涉及遗传因素，也涉及早期生活经历引起的病情加重（例如，感染或自身免疫反应）。我不认为蒂拉的糖尿病是由创伤引起的，这个病在她很小的时候就被诊断出来了。她住院之前将病情控制得很好，她知道如何测试自己的血糖并给自己注射胰岛素。

蒂拉有一次因糖尿病昏迷被送入医院。她的血糖上升到很高，因此失去了知觉。她的医疗团队迅速组织抢救，让她的病情稳定下来。在她接下来几天的住院时间里，她的医疗团队一直试图为她确定正确的胰岛素剂量，却对此一筹莫展。可能早上看起来合适的剂量，后来又会变得不是太高（使蒂拉的血糖不稳定）就是太低（使她的血糖处于高风险值）。医疗团队开始猜测蒂拉是在故意操纵她的胰岛素剂量或是在偷偷地吃甜食。他们无法理解——给蒂拉使用的胰岛素剂量应该是合适的，但蒂拉的血糖为什么会出现如此剧烈的波动？他们怀疑蒂拉有“自毁”行为，于是就请我为蒂拉进行心理咨询。

我在蒂拉的病房里见到了她。她很积极、开朗，愿意与我合作，同时也对医疗团队无法确定她的胰岛素剂量感到困惑。多年来，她一直都能很好地控制自己的注射剂量。

我们的谈话进行了大约十分钟，蒂拉突然停止说话，并表现出明显的紧张。我以为我做了什么困扰她的事。很快我意识到她在看窗外。从她注视的方向看过去，一辆救护车正驶向医院急诊室，同时不断发出警报器声。如果你像我一样在医院工作，你会经常听到警报器声，所以你会自动忽略这种声音。我没有注意到那辆救护车的声音。但蒂拉注意到了。

“我能给你测一下心率吗？”我问道。

我的问题让她回过神来。“当然可以。”

我靠近她，握住她的手腕，摸到她的脉搏：128次/分。对于一个静息状态下的年轻人，这个心率有点过快。

“我注意到警报器的声音似乎让你很不安。”

“嗯，好像是吧。它让我担心有什么人受了伤。”

“你认识的人里面有没有最近被送上救护车的？当然，除了你。”这个问题让她又陷入那种半清醒半恍惚的状态。我安静地等着时间一分一秒过去。

终于，她眨眨眼，开始低声说道：“大约两个星期以前，我和我的几个朋友去公园闲逛。我们坐在一张野餐桌边，什么都没有做。”说到这里，她停住了。

“你可以不讲的。”

“没事，还好。”她说。我不太确定她的状态，但我还是让她继续说下去。

“我甚至没有真的听到枪声。凯莎说，她听到了。我当时就坐在妮娜旁边。突然间，她盯住我，眼睛睁得很大，就像是这样……”蒂拉用力睁大眼睛给我看。

“她看上去非常吃惊……然后她轻轻尖叫一声，就倒了下去。她的背上全是血。”我知道蒂拉在重访那个时刻。她的恐惧和困惑都很明显。

随着医院外的救护车警报器声渐渐消失，蒂拉又开始讲述：“警报响起，警察赶来了。但救护车过了很久很久才来。他们把她抬走了。那时正是中午。我们只是在那里坐着。”

我再次握住她的手腕。她的心率变成了160次/分。她的呼吸非常急促，显然正处在害怕的状态（见第三章，图六）。

“你的医生知道这件事吗？”

“不知道。他们为什么需要知道？”

“是，你说得对，我想他们不会问这些事情。所以，蒂拉，让我告诉你，我对于你的胰岛素问题有什么想法。”我给她画出那个倒三角形，向她解释了应激反应，以及当我们感到恐惧的时候，身体如何准备战斗或逃跑。

蒂拉知道胰岛素能促进血液循环中的葡萄糖进入身体细胞，使血糖降低，但她并不清楚身体在面对危险境地和威胁时会分泌肾上腺素，以准备战斗或逃跑，而肾上腺素会阻碍葡萄糖进入肌肉及脂肪组织细胞，使血糖升高。蒂拉的应激反应因为最近的创伤而被过度激活，增加了她的肾上腺素分泌，因此她的血糖也大幅度升高。过去有效的胰岛素剂量也就不够了。并且如果她接触到触发线索，比如警报器声，她已经敏感化的神经系统就会产生过度反应，分泌过量的肾上腺素，进而导致糖皮质激素大量分泌。她已经在这间病房里住了好几天，在这里，偶尔传来的警报器声会导致她的血糖间歇性达到峰值。她并没有操纵胰岛素剂量或偷吃甜食。现在我只是问了一下她“经历了什么”，就改变了她的血糖动态调节。

我们将蒂拉转到医院另一侧的病房里。在这里，她完全听不到警报器声。我们开始了相应的心理治疗，又帮她制订了一个稳定的胰岛素治疗方案，几天之后，她就出院回家了。

● 奥普拉：她的医生无法解释她在“生理”方面发生了什么，于是他们以为这是她的过错。他们没有考虑过精神创伤可能会影响到她的生理健康。

○ 佩里医生：他们甚至没有想过要问问蒂拉这方面的情况。二十年前，精神创伤从未被认为是影响身体健康的因素。坦白说，它甚至也很少被认为是影响心理健康的因素。时至今日，精神创伤和逆境经历对心理和身体健康的影响仍然没有得到重视。

有发展性创伤的儿童和成人经常会出现慢性腹痛、头痛、胸痛、昏厥和癫痫样发作——所有这些常见的症状都与敏感的应激反应有关。大多数医生如果没有在患者身上发现典型的病理特征，就会给这些症状贴上“功能性”或“心理作用”的标签。这种轻视的态度就像往伤口上撒盐。

● 奥普拉：多年来，你的确是一直在努力解决这个问题。我听到你在讲授大脑和创伤时使用的一个术语是“顺序性”。我们之前已经提到过这个问题，但你能再解释一下它的意思吗？还有它为什么对于理解我们“经历了什么”很重要？

○ 佩里医生：当然可以。任何顺序性的事情都只能发生在一个序列中（见图十），有一连串的步骤——首先是a，接着是b，然后是c。正像我们说过的那样，我们的大脑处理我们的体验是有顺序的。所有的感觉输入（触觉、嗅觉、味觉、视觉、听觉）首先都会在大脑的低层级进行处理；低层级大脑能得到第一手资料。这意味着，当你有了新的体验时，大脑最高层级的负责思考的部分还没开始深思熟虑，大脑低层级已经对其进行了诠释并做出反应。甚至在你大脑的智慧的部

图十 / 信息处理顺序

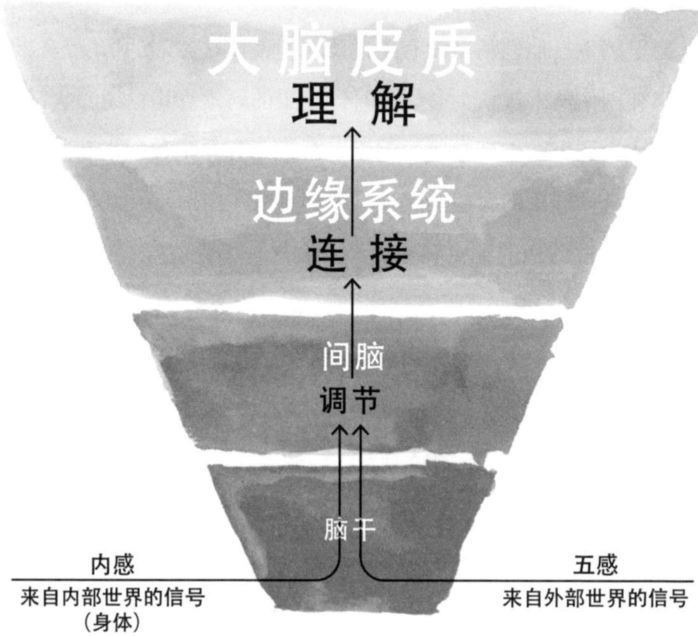

我们的大脑不断从我们的身体（内感）和外部世界（五感）得到输入。这些新接收到的信息是按顺序处理的。首先在大脑的低层级（脑干、间脑）进行整理。当我们要和别人讲道理时，我们需要让信息有效地穿过他们大脑的较低层级，到达他们的大脑皮质——这部分负责思考，包括解决问题和反思认知。但是，如果那个人处于紧张、愤怒、沮丧或其他失调状态，新的输入就会被卡住，导致对大脑皮质的输入变得无效并且扭曲。这就是新的输入到达大脑各层的顺序。没有一定程度的调节，就很难与另一个人建立有效连接，而没有连接，就无法产生理解。先是调节，再是连接，然后才是理解。如果一个人没有做好自我调节，你是无法和他讲道理的，只会让你们双方都感到挫败（双方都失调）。有效的沟通、教学、辅导、育儿和心理治疗，都需要了解并遵循信息处理顺序。

分有机会参与之前，大脑低层级已经将来自新体验的感觉输入与大脑中存储的来自过去体验的记忆目录做好了匹配。

但正如我们在迈克·罗斯曼身上看到的那样，大脑的下半部分不能识别时间。因此，有时它对刚收到的输入的诠释是不准确的。如果输入与来自过去体验的存储记忆相匹配，大脑低层级就会做出反应，好像过去的体验就是现在发生的事情。如果过去的体验是一次创伤，那么这种时间错乱就会成为一个问题。迈克的大脑将摩托车回火的声音与战争的恐怖记忆相匹配，蒂拉的大脑将警报器声音与她朋友死亡的恐怖记忆相匹配。对你来说，奥普拉，夜晚独处触发了多年前那个夜晚，你外祖父攻击外祖母的感觉记忆。

● 奥普拉：因此，即使人生的两段经历相隔数十年时间，大脑对它们的诠释却很有可能是相似的。我们会把它们看作毫不相干的独立事件，但我们的大脑却把它们归类为相同的事件。你把这描述为大脑的一种错误传达。

○ 佩里医生：是的。理解我们的大脑处理每一个体验的顺序也有助于解释大脑之间的错误传达，换句话说，就是人与人之间的误解。沟通就是把一些想法、概念或故事从你的大脑皮质转移到另一个人的大脑皮质，从你的大脑的智慧部分传递到他的大脑的智慧部分。问题是，我们不能直接从大脑皮质到大脑皮质这样进行交流，而是必须先通过大脑的低层级。所有来自我们大脑皮质的理性想法都要先通过低层级的情绪过滤器。我们的面部表情、语气和话语被对方的感官转化为神经活动，然后进入匹配、诠释和向上传递到他们大脑皮质的过程——这一顺序是固定的。在这一过程中，你想要表达的任何意思都有很多机会被精简、扭曲、放大、减弱或丢失。

让我们思考一下，当应激反应被激活时会发生什么。沮丧、愤怒和恐惧可以关闭大脑皮质的部分功能。当一个人处于失调状态时，他根本无法使用他大脑中最智慧的部分。回顾一下第三章的图六，它说明了大脑功能的状态依赖。陷入唤醒状态越深，大脑的低层部分就越能控制你的功能。

在我的工作中经常会讲到“到达大脑皮质”，也就是到达你可以与他人进行理性沟通的地方。如果这个人处于良好的调节状态，你就可以用交流的方式与他沟通。如果他是失调状态，你说的任何话都无法真正到达他的大脑皮质，而已经到达他大脑皮质的信息也很难被他提取。如果你是一名教师，就必须了解这一点，处在良好调节状态的孩子能够专心学习，而失调的孩子根本无法学习。这个规律同样适用于在工作中负责监督他人或者与同事、合作伙伴、孩子等任何人进行沟通的时候。良好的调节状态是创造有效连接的关键。这种连接是将信息传递到大脑皮质的最快捷、有效的方式。教师、教练、心灵导师、心理治疗师——所有这些人都依赖于人际关系，它是通往对方大脑皮质的高速公路。

我们使用“处理顺序”一词来描述到达大脑皮质的相关步骤。我再来举个例子，说明这个顺序在现实生活中的应用。

最近几年，我有机会与包括联邦调查局在内的执法部门合作，主要是给相关人员讲授关于创伤的影响和与儿童面谈的技巧。有一段时间，我为联邦调查局的儿童绑架和连环杀手专案组做了很多咨询工作，在我这个职位，偶尔会需要与儿童进行面谈。他们之中有受害者，也有目击者。

约瑟夫刚刚三岁。几周前，他目睹了他十一岁的姐姐被绑架。

绑架发生时，他们两个人正在家附近玩耍，当时的时间是下午。约瑟夫逃回家以后只对他的母亲说：“那个男人带走了茜茜。”一个星期后，他姐姐的尸体被发现。

当地执法部门和联邦调查局都曾经和约瑟夫谈过，但这个年幼的、不知所措的男孩无法提供关于“那个男人”或绑架的太多细节。

在任何情况下，和一个三岁的孩子交谈都是一种挑战，而我对约瑟夫来说还是一个完全陌生的人，还要探问他生命中最痛苦的经历。我知道，任何有用的信息都会存储在陈述性记忆中——本质上就是他对事件的心理重建。陈述性记忆的关键元素存储在大脑的较高层级，特别是大脑皮质。

我也知道，恐惧会抑制许多皮质系统，实际上就是关闭了它们；其中就包括那些涉及陈述性记忆的系统（见图十一）。如果约瑟夫无法感觉到安全，他将永远不可能给我任何有用的信息。

我想到了社会感染[1]的力量。（还记得从众效应吗？）我推测，如果约瑟夫的母亲能在面对我的时候发出接受和熟识的信号，约瑟夫和我在一起就会感觉更安全——这是大脑版的“你的朋友就是我的朋友”。

让对方有安全感的另一个方法，就是和他有共同的积极体验。你与某人的相处时光越积极正向，你的大脑就越会把这个人归类为安全和熟悉的。这就是为什么在心理治疗中，往往需要经过十到二十次面谈，来访者才会开始感到足够安全，可以分享一些他们情感上最痛

1 社会感染指社会情绪的传递过程，具体指通过语言、表情、动作和其他方式引起他人相同的情绪和行动。其特征是自发性、无强迫性、无意识性，感染者与被感染者可以相互转变，在群体内会产生循环感染，从而引起更强烈的情绪爆发。——编者注

图十一/状态依赖和记忆

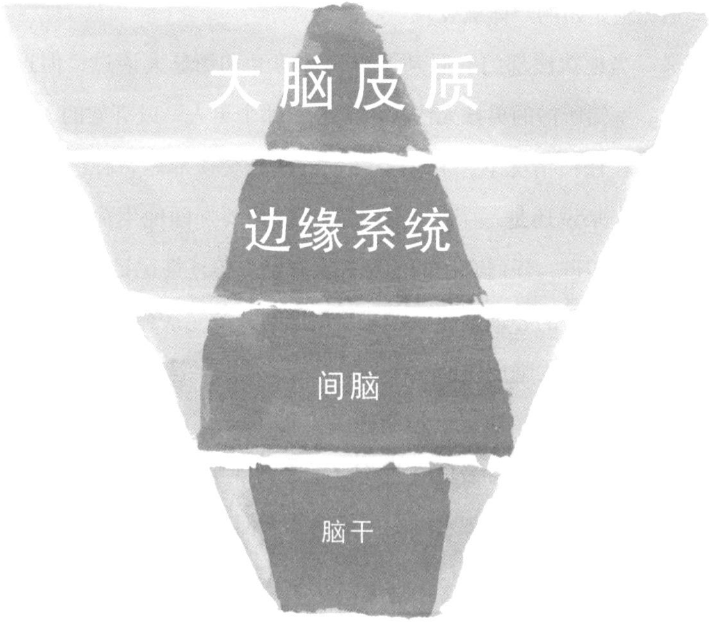

失调状态

无法有效提取大脑皮质记忆

状态依赖和陈述性记忆通路

在恐惧状态（失调状态）下，大脑较高层级（如大脑皮质）的一些系统会被关闭。这使得以前线性的陈述性记忆的检索效率低下。一个常见的例子就是考试焦虑症。考试的内容已被存储在大脑中，但在特定的时刻（如在考试期间），突然无法检索。当这个人处于良好的调节状态，感觉到连接，感觉到安全时，存储的内容就可以被提取，也更容易检索。

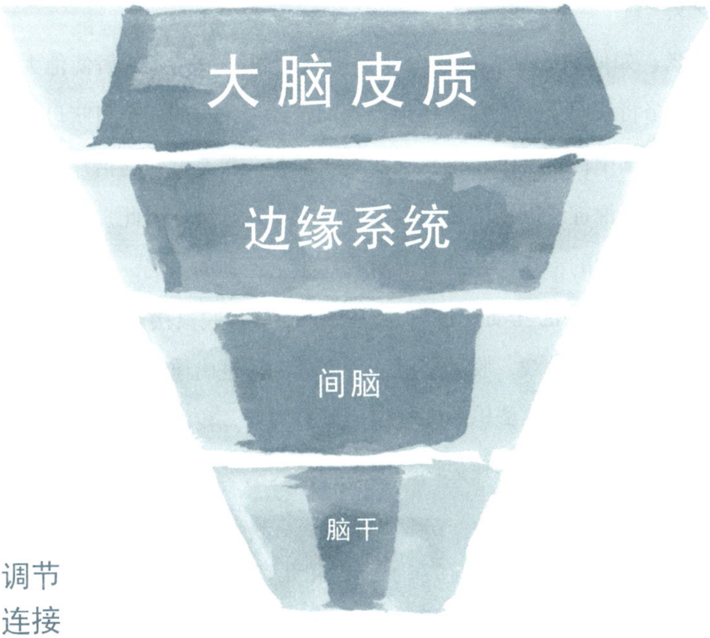

1. 调节
2. 连接
3. 理解

→ 良好的调节状态

大脑皮质记忆可提取

苦的经历。以每周一次五十分钟的“剂量”计算，传统的治疗过程需要十周时间才能让约瑟夫对我感到安全。可是这对于案件调查来说完全不现实。

那么，如何让约瑟夫迅速对我感到安全和熟悉呢？如何使他大脑中的网络将我归类为安全？还记得我们曾经讨论过的那个目睹母亲在入室抢劫案中被杀害的小男孩吗？对于他，一次有意义的治疗“剂量”——或者说神经网络的适当激活时间只有几秒钟。因此，与其进行十次五十分钟的治疗，让约瑟夫对我产生一系列的记忆，不如进行十或十二次五分钟的互动。接触、连接、确认、脱离接触——五分钟。接触、连接、游戏、脱离接触——五分钟。进出他的视野、他的空间，牢记在互动中可能影响安全感的所有因素。我的短暂互动必须最大限度地减少任何会导致失调的因素，最大限度地增加调节和连接的因素。

其中的部分问题是天然存在于成人和儿童之间的权力差异。在人与人之间的互动中，每个人的大脑都在进行复杂的计算：“这个人安全吗？他是盟友还是敌人？他会伤害我还是帮助我？他打算做什么？他想做什么？他想要什么？”这种关系计算有助于界定我们在权力差异中的地位。“我们是平等的，我不觉得受到威胁；我是主导者，我很安全；他是主导者，我容易受到伤害。”如果我们感到自己容易受到伤害，我们的应激反应系统就会发生状态依赖性的转变——我们的感觉、思考和诠释互动的方式也会随之发生转变。

这种关系计算是为了保证我们的安全和生存。如果我们没有安全感，我们就会失调。其中的影响是深远的，顺便说一句，这种权力差异也存在于我们的社会政治体系，并在系统性种族主义[1]中发挥着关键作用。

● 奥普拉：我记得你讲过，权力的差异体现在，有些人的发言被做出不同的诠释。对于我来说尤其如此，我们在女子领导力学院讨论领导力时，你对我说："在别人听来，你的低语也像高呼。"我一下子就明白了。

○ 佩里医生：对，这就是奥普拉效应。当你处于权力阶梯的顶端时，有时你会意识不到你所拥有的权力——意识不到你的存在对别人的影响。我们在谈到疗愈的时候会经常谈及这个问题。

说到这里，我们可以想象一下，一个身高六英尺二英寸（约为一米九）的男人和一个身高三英尺（约为九十一厘米）的孩子谈论他的姐姐被另一个男人杀害的事情——这种权力的差异一定是巨大的。如果我要"到达他的大脑皮质"，我就必须减小这个差异。

和联邦调查局的探员、约瑟夫的母亲以及我的团队成员讨论过以后，我们把和约瑟夫谈话的地点安排在他家。那是他感觉最安全的地方。一开始，约瑟夫的母亲和我坐在厨房的桌子旁聊天。约瑟夫则警惕地在厨房里进进出出。我请他的母亲给我们做一下介绍。

"约瑟夫，到这里来，宝贝。"他母亲说道，"见见我的朋友，佩里医生。"

1　系统性种族主义理论认为今天的美国与过去一样仍然是一个白人支配的压迫社会，白人对非洲裔等有色人种的支配是种族不平等的根源。该理论为美国种族研究提供了一个新范式，有助于理解美国种族主义的本质和种族关系的发展脉络。——编者注

约瑟夫带着一丝惊恐走过来。我从椅子里站起身，坐到地板上。我要尽量缩小我们之间明显的体型差距，让自己显得更小一些，能够和他平视。

“嗨，约瑟夫，我是佩里医生。我来看望你妈妈和你。”约瑟夫看着我。他对我的未知会增加他的恐惧，所以我想让他知道我是谁，是做什么的，为什么会出现在这里，“我是一位医生，我的工作是帮助那些家庭遭遇了不幸的孩子。你妈妈和我说了你姐姐的事情。我很难过。”约瑟夫停下脚步，呆呆地凝视着前方，“今天，你和我一起玩。以后，等你准备好的时候，我会问几个关于你姐姐的问题。”说完，我站起身。

“我去拿咖啡，”我说道，“你想要点什么吗？”

约瑟夫没有看我，也没有说话。

我又问了他的母亲。她说：“好啊，我也要咖啡。”

所有这些互动一共用了三分钟。我走出约瑟夫家的前门。十分钟以后，我回来了，又和他母亲坐在一起，交谈了十分钟。约瑟夫继续在厨房里走进走出，不过他每次都会向桌子更靠近一些。客厅的地板上放着几辆玩具卡车。我趴到地板上，开始玩其中一辆卡车。起初，约瑟夫没有理会，过了一会儿，他走过来，小心地将那辆卡车从我面前拿开。

“抱歉，约瑟夫，我在玩你的卡车以前应该先征得你的同意。”他坐到距离我三十多厘米的地方，假装在玩那辆卡车。我站起身说：“我得去办点事，不过我还会回来的。”然后我再次离开。

大约十分钟以后，我回来了。这一次我拿来了蜡笔和纸。我静静地坐到厨房桌子旁，开始涂色。约瑟夫的母亲和我坐在一起，喝着咖啡。约瑟夫好奇地走过来看我。我没有看他，而是缓缓伸出一只手，递给他一支蜡笔和一张纸。他没有接。

我拿着蜡笔和纸趴到客厅的地板上。约瑟夫把卡车拿过来，递给我。我接过卡车，给了他纸和蜡笔。他趴在我身边，我们一起安静地涂了五分钟颜色。然后我站起身。他看向我，仿佛在问我要去哪里。“我会回来的。你能帮我看好这些彩色笔吗？”

“好的。”这是他第一次和我说话。

这种短暂的互动又进行了三次。约瑟夫对我说：“来看看我最好的玩具。”他牵住我的手，带我走进他的卧室。我们看了他所有的玩具收藏。他开始说完整的句子，变得健谈，状态也很放松。通过玩耍、设计好的反复涂色、母亲的关系认可、走路和交谈，我让他的状态得到了调节。通过这种反复的接触，他大脑中的面部识别系统将我归类为熟悉的人。我们之间的互动分成十几个片段，因此系统不会认为这是同一次连续的“四小时探访”。

约瑟夫和我建立起了连接。在他的感知中，我是安全的和熟悉的。他的大脑皮质网络和陈述性记忆都是可以提取的。他能否在不“关闭”的情况下，和我说说他姐姐被绑架的事呢？

我将控制权交给他：“还记得我说过的话吗？我们谈一谈你姐姐？”

“是的。”约瑟夫点点头，停止了玩耍。

“如果你不愿意，我们可以不谈。”

“好。”约瑟夫说。但他没有继续玩下去。

我问他是否记得那个男人长什么样子。他向我讲述了一些细节。我还需要更多细节——长头发还是短头发？是否有胡子？穿的什么衣服？瘦还是胖？我拿出一张旧报纸，用一些男人的照片作为参照。我不知道这张报纸上有他姐姐被绑架的照片。

他看到了姐姐的照片。“这是茜茜，她死了。”

我指着不同的广告图片说：“他的头发是不是这样的？”我还想得到更多的细节。然后我翻过一页。约瑟夫的神态一下子变了。

他看着一张犯罪嫌疑人的照片，向前坐了下来。“就是他，”他说，“就是这个坏人。他有眼镜。”

我又让约瑟夫看了其他几个容貌相似的男人照片，他都没有反应。后来，他又立刻从一组虚拟的有相似特征的男人中认出了那个犯罪嫌疑人。

谈话结束的时候，我说：“约瑟夫，你还记得这个男人把你的姐姐带到哪里去了吗？”

“记得。”

“你能带我去那里吗？”

我们走过他家附近，约瑟夫向我讲述了那时发生的事情。他的姐姐在拍他的球，球掉进了路边的一条深沟里。他去捡球的时候，一辆红色卡车开过来，一个男人下了车，把他姐姐带进驾驶室。那个男人根本没看到约瑟夫。

重访这段经历时，约瑟夫明显变得非常不安。他已经忍耐到了极限。我们停了下来，但他对绑架事件的指认和描述直接帮助我们找到了证据，让谋杀他姐姐的凶手最终被定罪。

● 奥普拉：你“到达”了他的大脑皮质。

○ 佩里医生：是的。约瑟夫的故事是关于信息处理顺序的一个很好的例子。要和任何人进行理性和成功的沟通，你必须确保他们处在调节良好的状态，确保他们能感受到与你的连接，然后再尝试说服他们。二十年前，我对这一点以及压力和创伤对大脑的影响就有足够的了解，所以我才能与约瑟夫沟通，而不会导致他的大脑皮质功能关闭。但是当我走出他家时，留在我身后的是一个破碎的家庭。对母亲来说，失去女儿的创伤性痛苦依然存在；对约瑟夫来说，姐姐永远离开了。每一年，茜茜的生日都是空白；每个节日，家庭餐桌边都有一个空着的座位；每一年的母亲节，痛苦都远远多于欢乐。

我们对疗愈了解得还不够多。尽管我们已经帮助了数百个家庭，尽管我可以很好地解释我认为是什么导致了他们的痛苦、疲惫、抑郁、焦虑、侵入性想象，甚至是他们的健康失调，但我仍然不知道怎样能帮助他们好转。我们会一直倾听和学习。

第六章

从应对到疗愈

为什么那些已经成为受创伤者的人，会一再被虐待关系吸引？

因为所有人都会被熟悉的事物吸引，即使这个熟悉的事物是不健康的，甚至是具有破坏性的。对有些人来说，被拒绝或遭到恶劣的对待才能验证他的观念，这是他存在的底层架构，这让他感到舒服。正如心理学家维吉尼亚·萨提亚所言：与不确定的痛苦相比，确定的痛苦会让我们感觉更好些。

○ 我职业生涯的大部分时间都在研究压力和创伤如何改变我们，但是当我刚开始进行研究的时候，我过度关注了极端创伤事件。成百上千的儿童、青少年和成年人与我分享他们的生活故事。我倾听那些故事，并思考我所听到的内容应当如何与研究动物应激的神经科学相结合。很多时候我会想，啊，现在我明白了，这就是创伤的作用方式，创伤就是这样影响大脑和行为的。但我错了。我已经学到了重要的东西，但并没有理解，至少没有完全理解。

我开始更深入地思考创伤后的疗愈问题。我曾相信，一个人的创伤史越极端，他的疗愈就会越困难。但真正的谜底我还没有找到。

三十年前，当我试图了解两个住在同一家寄宿治疗中心的十二岁男孩时，答案开始显露出来。每个被送到那里的孩子都是因为他们在多个寄养家庭和寄宿学校中“失控”。那两个孩子有很多表面上的相同之处。他们都是六年级的学生，在学校中经常与人发生冲突，阅读能力只有四年级学生的水平。当我查看他们的记录时，发现两个人都有相同的《精神障碍诊断与统计手册》中确认的病症：注意缺陷多动障碍、重性抑郁、间歇性暴发性障碍和品行障碍。他们都在服用多种药物，试图抑制他们的破坏性症状。另外，他们两人都已经在这个治疗中心待了一年左右。

但是，当我见到他们时，我和他们分别坐在一起的“感觉”却并不一样。他们两个都在房间里创造了一种氛围，但二者是完全不同的。托马斯曾经遭受过性情狂躁、容易发怒的父亲的身体虐待。六岁时，他被从家里带走。他经历了十二个寄养家庭，三次住院，最终被安置在这个寄宿治疗中心。虽然只在这个中心度过了一年时间，但这已经是他一生中在一个地方生活的最长时间了。母亲时常来探望他，偶尔父亲也会来。尽管有过这样的人生经历，但他不排斥与人互动，他会向我微笑，试图帮助我了解他。但是他的过度警觉、烦躁不安和极端的情绪波动是显而易见的。我们第一次见面时，他的静息心率是128次/分。他的注意力不集中、逆反、挑衅和攻击行为是过度活跃和强烈的唤醒反应的表现（见第三章的图五和图六）。他处于持续的恐惧状态。我认为不应该将他确定为有《精神障碍诊断与统计手册》中的那四种病症。他只有一种病症——来自童年时期的创伤后应激障碍。

詹姆斯给我带来一种完全不同的“感觉”——甚至可以说根本没有感觉。我仿佛和一个幽灵坐在一起，仿佛他就是个空壳。当我和他在一起时，我感觉就像只有我一个人。从记录看并没有显示出他发生过任何寄养儿童常见的典型的创伤性事件。詹姆斯的母亲似乎一直在和抑郁症搏斗，在他三个月大的时候和男朋友一起消失。詹姆斯在庇护所待了六个星期后，他独居的外祖母同意收养他，但她似乎很不情愿。翻阅过去的记录，可以看到一个消沉的充满怨恨的照顾者形象。不过她已经尽力了。詹姆斯没有受到身体虐待、性虐待，也没有接触过毒品，没有受到其他形式的创伤。多份记录只是呈现出缺乏关注、不堪重负 、没有互动、身体接触和语言交流都很少的育儿方式。在外祖母的养育下，詹姆斯开始变得无法集中注意力、不听话。奖赏似乎不起作用，他也根本不在意后果。他会从别人那里拿走一些不起眼的东西——一支铅笔、一条手链、一个小玩具。如果有人质问他，他会否认自己的行为，甚至有明确证据也拒不承认。有几次他威胁要用刀去刺其他同学，而且他被描述为有爆发性的攻击行为，但仔细观察，他实际上从未打过、推过或攻击过任何人。他只是在做出威胁。

詹姆斯八岁时，他的外祖母感到实在无力照顾他，决定放弃，把他丢给寄养体系，因为他"撒谎、偷窃、忘恩负义"，而且她甚至开始害怕詹姆斯了，因为詹姆斯曾威胁要在她睡觉时杀了她。詹姆斯被送进儿童保护中心，从一个寄养家庭到另一个寄养家庭，最后来到了这个治疗中心。他被诊断为注意缺陷多动障碍，因为他总是无法集中注意力，但这和托马斯那种过度警觉、容易分心的情况不同。詹姆斯之所以注意力不集中，是因为他心神游离，总是在做白日梦。托马斯的静息心率是128次/分，詹姆斯的静息心率是60次/分。

尽管被诊断出相同的《精神障碍诊断与统计手册》的病症，但托马斯和詹姆斯却完全不一样。我开始对詹姆斯在婴儿时期的情况感到好奇。一个年轻的、没有经验的母亲，在抑郁症中挣扎，被一个婴儿无休止的需求压垮。也许他的母亲自己也有依恋关系问题——她经历过什么呢？我们无法给予自己根本没有的东西。

想象一下，在詹姆斯的童年早期，他的母亲满足了他的需求，但也许并不多。正当詹姆斯开始发展他构建关系的神经生理基础时，他的整个世界发生了变化，一组新的成年人开始在庇护所照顾他。这些成年人有着不同的气味、声音和触摸方式。然后，他们突然间又都不见了。詹姆斯，一个五个月大的孩子，大脑正在快速发育，已经形成一系列关于人与人之间连接的混乱无序的记忆。在他的认知中，人会消失。他们是不稳定的，不可预见的。他们无法可靠地满足他的需求，安慰他，奖赏他。

再来想象一下，一个感到饥饿、恐惧、寒冷的婴儿，和一个只会偶尔做出回应的照顾者。婴儿的战斗或逃跑反应就是哭泣。但如果哭泣不能带来照顾者的积极回应，甚至哭泣引来的是消极的或愤怒的照顾者，婴儿就会被迫使用其他自我安慰的方式。在这样的情况下，婴儿主要的适应性应激反应就是暂时脱离混乱、有威胁的外部世界，躲到他的内心世界中。

当我见到詹姆斯时，我已经知道，如果动物在特定情境下受到压力，比如遇到不可避免、无法摆脱的威胁，以及抵抗无效时，解离将是其主要的适应方式。这种压力导致动物做出“投降”或“战败”的反应。它们的生理机能发生变化，甚至会装死。这一领域的动物研究非常广泛。奇怪的是，时至今日，关于人类解离的神经生物学的平行研究却很滞后。

这两个孩子有着同样被《精神障碍诊断与统计手册》确认的病症，但他们的行为和对待治疗的反应完全不同。这种不同来自何处？来自他们小时候“经历了什么”。

随着我与托马斯相处的时间越来越长，我开始了解到在他动荡的世界里曾经有过许多爱他的人。他的母亲、姨妈和外祖母对他都非常好，并一直想要把托马斯从治疗中心接回家。但是他的母亲不能离开她现在的丈夫，而那个丈夫一直都在吸毒。

我还了解到，托马斯的父亲也并不总是打骂他。据他的家人说，他的问题是从越南回来以后开始的。那时，人们对创伤后应激障碍还不太了解，许多越战老兵根本没有得到任何帮助。托马斯的父亲因为酗酒和吸毒被解雇，由于无法照顾家庭，他的自尊心受到了很大打击。羞愧、痛苦、酗酒、愤怒、耻辱和失落——这样的创伤循环加速了家庭的破裂。

在父亲的情况恶化之前，托马斯的人生其实是有一个良好开端的，有关爱，也有稳定的照料。当他还是婴儿的时候，父亲并没有虐待他，但随着他父亲的情况恶化，他的家人也受到了影响，尤其是他的母亲。当托马斯试图保护母亲时，他的父亲开始打他。从那以后，他就成了引发父亲愤怒的主要导火索。不过，尽管他的母亲和其他家庭成员无法好好保护他，但他们还是为托马斯做了力所能及的一切。这些照顾者起到的缓冲作用和托马斯早期的美好的人生体验都对他有着重要影响。尽管托马斯对创伤有敏感的应激反应，但他最终还是拥有了健康的构建关系的神经生理基础。

托马斯通过治疗得到了改善。他积极地构建健康关系的能力使他在针对人际关系的治疗过程中表现得非常好。在十二个月内，他的失调情况好了很多。他能够集中精力，更专心地学习。他的行为问题也大幅度减少，一年内升了两个年级。他开始痊愈了。

詹姆斯的进展就没这么好了。实际上，他的情况在恶化。他的偷窃行为仍在继续，而且他在这方面越来越精明，知道怎么避免被抓住。所有帮助他改善行为或构建健康关系的努力都失败了。即使有心理治疗的帮助，他也无法好好利用。

正如我们还将多次讨论的，关系是疗愈的关键。但对詹姆斯来说，每一次关系互动的结果都是中断关系。对他来说，他人是不安全的。在他的世界观中，人们会伤害你或离开你。他人都不可信。这个案例让我学到的经验是，“你经历了什么”的一个关键层面是“你没有经历过什么”，你有没有得到过关注、爱抚、肯定？总而言之，你有没有得到过爱？我意识到，被忽视和遭受创伤有同样的危害性。

——佩里医生

● 奥普拉：你提到的“忽视”，具体是指什么样的情况？忽视也会造成创伤吗？

○ 佩里医生：的确如此，在大多数情况下，忽视和创伤是同时存在的。但它们造成的生理体验完全不同，对大脑和发育中的儿童会产生不同的影响。有些人试图用“复杂性创伤”（Complex Trauma）这个术语来概括儿童发育过程中的忽视和虐待，但我认为这是把太多不同的东西放入了一个盒子。

● 奥普拉：那么，我们该如何理解“忽视”？

○ 佩里医生：嗯，让我们来想一想处于发育过程的孩子。如果要让孩子的基因潜能表现出来，就需要各种必要的体验。

如果没有这些体验，或者如果体验的时机、模式或性质异常，大脑的关键能力就不会发育。婴儿在生命早期遭受的忽视最具破坏性，因为此时大脑正在迅速成长。早期忽视干扰了儿童正常发育所必需的刺激。

你可能听说过“罗马尼亚孤儿”。六十多年前，罗马尼亚的统治者齐奥塞斯库当政时，有五十多万名被父母遗弃的儿童在孤儿院度过了生命早期的时光。1989年，当齐奥塞斯库倒台时，公众和媒体才看到了这些儿童的可怕处境。在一个大房间里，通常会住四十到六十个婴儿或幼儿，他们整天都只能躺在自己的儿童床里，只有一两个护理员轮流照顾他们，而这些护理员要工作十二个小时才能换班。孩子们承受着缺乏关爱、营养不良、虐待等各种磨难。离开孤儿院以后，他们的成长伴随着一系列缺陷。这些孩子中有不少智商很低，还有一些总是身体不断前后摇摆。大多数孩子在建立和维持人际关系方面有很大问题。我曾经治疗过许多从这些孤儿院出来的孩子。一般来说，孩子在那里生活的时间越长，缺乏关爱的时间越长，问题就越严重。具有讽刺意味的是，在这种过度拥挤的孤儿院中，不得不共用儿童床的孩子最终表现得反而更好。

罗马尼亚孤儿现在都是成年人了。对大多数人来说，这些问题将持续存在。作为一个群体，他们有更大的可能性失业、出现心理和身体健康问题、难以处理人际关系。

类似的情况在美国也发生过，只不过都是孤立事件。我们的临床小组曾为许多经历过严重忽视的儿童和青少年进行过治疗。这些儿童的社会化程度很低，他们没有进行过上厕所的训练，不会使用餐具，语言表达能力极差。在最极端的情况下，他们会表现出一种野性，被称为“野孩子”（feral）。

在这里要重点讲讲其中一个孩子的故事，她曾经出现在你的《奥普拉脱口秀》里，就是“窗户里的女孩”达尼。在她生命的最初六年，她一直被关起来，并且被严重忽视。这导致了非常悲惨的后果。幸运的是，她被带走并被收养。她的疗愈过程是痛苦而缓慢的，但她的情况在稳定地获得改善。

● 奥普拉：当她进入一个有爱的家庭，她开始变得更好。但人际沟通和社交互动对她来说一直都很吃力。

○ 佩里医生：直到今天，她仍然在为此而努力。在孩子出生的最初六年里，发育中的大脑会发生许多重要的事情。如果关键的神经网络没有在正确的时间获得正确的经验，一些基本的能力将无法正常发展。我们在这方面还有很多东西要学习，而且我们知道其他影响发育的因素，如子宫内损伤或出生时的创伤，也有可能造成像达尼这样的极端情况。正如我们在罗马尼亚孤儿身上看到的那样，在缺乏关爱的环境中待得越久，就越难恢复。

● 奥普拉：但是像达尼这样的例子并不多见。六年实在是太久了，如果只有一年会怎样呢？如果只是某个照顾者异常会怎样呢？如果将一个少年禁足，让他在自己的房间里待上一个月，这算是忽视吗？

○ 佩里医生：让少年禁足不是忽视他，因为他大脑中的关键系统已经发育。我当然不是主张把一个十五岁的孩子在房间里关一个月，但这与幼儿时期持续一个月的缺乏关爱是不一样的。

你提出的问题很重要。就像对待创伤一样，有几个基本问题可以帮助我们评估一种情况是否属于忽视，如果是的话，其影响又会有多大。忽视是在发展过程中的什么时期发生的？其模式是什么？忽视的严重程度或者缺乏关爱的程度是怎样的？它持续了多长时间？另外，绝对的完全忽视是非常罕见的，所以我们还要注意，当忽视发生时，又伴随着哪些缓冲因素？

最常见的忽视形式是混乱、无规律的养育。当婴儿哭的时候，有时候会有成年人来喂养和照顾，但有些时候又无人关注，甚至还有的时候，会有人吼叫、摇晃或伤害他们。这个混乱无序的世界是失调的。婴儿没有得到足够的结构性体验，无法向大脑中的发育系统发送清晰的、有组织的信号。婴儿的世界是不可预见的，这是一种混乱式忽视。大脑的关键系统以支离破碎、混乱无序的方式发育，会导致功能性问题。

另一种忽视是分裂式忽视，在这种情况下，大脑发育的许多方面都是正常的，相当一部分的关键系统在适当的时期得到了足够的体验，但有一个或多个系统却没能得到所需的体验，导致健康发育的一个关键部分出现缺失。让我给你举个例子。

我曾经治疗过五个兄弟姐妹。他们分别是十一岁、八岁、六岁、四岁和两岁，都很讨人喜欢。他们的母亲独自抚养他们。她有两个博士学位，也非常爱她的孩子，但问题是，她有一个执拗的错觉，非常害怕孩子只要一离开她的视线就会受到伤害。所以她让孩子们和她待在同一个房间里——她所有的孩子，无论白天黑夜都要和她在一起。渐渐地，她开始让孩子们在家上学[1]，她还把车用儿童座椅放在沙发上，把孩子们固定在其中，甚至不让他们爬行和走路。

她对这些孩子很热情，而且非常关注他们的认知发育。所有孩子都学习了两门或两门以上的课程。他们的口头表达能力很好，相互之间有社交互动，但即使是最大的孩子也几乎站不起来。他们的运动能力被“分裂式”剥夺了，导致他们的双腿和运动神经能力严重发育不全。这是一个极端的分裂式忽视的例子。另外还有许多这样的例子——一个重要的发育领域被忽视或刺激不足，其中也包括情感发育。

● 奥普拉：一个孩子可能会以各种方式被忽视。我见过孩子在成长过程中被忽视的情况，家里根本没有人关注他们。就像詹姆斯一样，他们最后变成了情感的幽灵。

1 在家上学是流行于美国等西方国家的一种青少年教育成长方式：父母在家中自主安排子女的教育。20世纪中叶，主要在宗教家庭产生，逐渐发展成为一种得到广泛认可的教育形式。——编者注

○ 佩里医生：对，是这样的。我曾经治疗过几个在情感上被忽视的孩子。他们的父母非常富有，所以选择把养育孩子的工作外包，把孩子交给不同班次的保姆照顾，但这样做会导致孩子发育不全。父母不知道孩子生命早期建立稳定一致的关系有多么重要。

● 奥普拉：这是什么意思？有很多信息都在告诉我们，只要孩子得到爱和关注，那么有多少人照顾、是谁在照顾孩子并不重要。这种观点是错的吗？

○ 佩里医生：这是个好问题。一般来说，在你的生活中，细心和有爱心的人越多越好。但是，如果你还记得我们先前关于大脑发育和世界观建立过程的讨论，你就会知道，在生命的早期，大脑需要一致的、模式化的体验来发育一些关键系统。让我们看看语言能力的发育，它能够说明我的观点。

假设你对一个婴儿只讲六周英语，然后说："英语讲完了，我们要讲中文了。"在接下来的五个月里，孩子只听到中文，但随后，你说："中文讲完了，现在我们要讲法语了。"在孩子三岁之前，对他说的语言又改变了十次。这个可怜的孩子将根本不会说任何语言。尽管这些都是好的语言，而且所有的语言都能激活大脑中负责语言的部分，但任何一种语言都没有被重复练习使用，因此孩子完整的语言能力将无法构建。

如果孩子每天听到十五种不同的语言，也会出现语言混乱的情况。任何一种语言都没有足够的体验时间和足够的重复次数，于是婴儿正在发育的大脑无法理解任何一种语言。语言能力的发育将被推迟，甚至可能出现异常。

这与人际关系是同样的道理。如果婴儿和一个人相处了六个星期，然后他消失了，一个新出现的人开始照顾他，然后那个人又消失了，以此类推，婴儿的大脑没有留下和任何一个人的足够的重复体验，来帮助他构建培养健康关系的神经生理基础。

如果要拥有健康的关系，关键是在人生的第一年建立安全、稳定的养育关系。这可以让你得到充分的重复体验，以建立基本的关系架构。这是健康关系的基础，它将使你能够继续发展健康的关系连接。再看一下语言：一旦你学会了一种或两种主要语言，你就可以继续学习许多其他语言。但是，当婴儿、幼儿或儿童在一个把“爱”外包的家庭中成长时，很可能会出现分裂式忽视的情况，即关键的关系能力没有得到发展或发展缓慢。

● 奥普拉：我觉得，我们在生活的许多方面变得越来越依赖技术，其中一个大的方面就是对孩子的照顾。我看到越来越多的父母将照顾孩子的工作外包给手机和平板电脑，让他们去玩电子设备，或者自以为在照顾孩子，实际上却只是在盯着手机或电脑。有一次我在芝加哥开车时，我的车停在一辆四轮马车后面。那辆马车上的孩子都探出头来，四处张望，他们的母亲却在拿着手机闲聊。在整个旅程中，她没有和孩子们发生过任何互动，甚至没有看他们一眼。我一直在想，等他们坐完马车以后，她一定会发一张照片说：“孩子们今天开心极了，我们一起坐着马车旅行。”现在我常常会看到这种情形：父母在孩子们身边，却没有真正和他们在一起。

○ 佩里医生：我认为这是一个大问题。在我们这个“分心”社会，我们都很难真正活在当下。

● 奥普拉：婴儿知道有人在陪伴他，知道陪伴他的人是不是开心、快乐的。他们能感觉到。他们知道自己是不是安全。他们想要和身边的人有目光的接触。

○ 佩里医生：他们想要足够的接触。他们想要你真正的陪伴。如果待在他们身边，又不去关注他们，这会对他们的健康发育产生有害的影响。就像我们之前说到的，婴儿的大脑一直在尝试理解世界。因为我们是社会动物，成为社会动物的重要一环就是建立归属感：我是重要的，我是这个部落的一员。这种归属感来自从其他人那里得到的"你很重要"的信号，尤其是从家人那里。所以婴儿、幼儿和儿童都需要你全神贯注的关注，而不是心不在焉的偶尔关注。我在看着你。我在听你说话。我就在这里，和你在一起。

我们所有人都有过这样的经历——和某人交谈时，他却不看你，只看着手机。这会让我们感到失落。尽管我们是成年人，已经有了发育完全的大脑，能够理解这个世界是如何运行的，我们还是会感到不被尊重，感到伤心。

● 奥普拉：那感觉就像是：我不够重要，不值得让你注意我。

○ 佩里医生：正是。"我不够重要"——一个成年人从别人那里得到这样的信息已经很糟糕了，试想一下，如果婴儿在建立世界观时不断得到这样的信息："我不够重要。"那会怎样？婴儿的共情力和未来养育下一代的能力，也就是爱的能力，取决于他们在生命早期充满爱意的互动体验的性质、质量和数量。心不在焉、缺乏交流的互动无法为一个有爱的人打造成长基础。恰恰相反，它会培养出一个情感饥渴、内心贫乏的人。这样的人渴望归属感，却没有相应的神经生理基础让他能真正找到他所需要的东西。冷漠的养育方式会激发对爱无法抑制的渴望。但如果你没有被爱过，你就无法去爱。

● 奥普拉：从科学的角度来看，当孩子需要父母的陪伴，而父母只是盯着手机的时候，会发生什么事？

○ 佩里医生：在发展心理学领域，有一个由我的朋友兼同事埃德·特罗尼克医生开创的著名实验，叫作“静止脸实验”（Still-Face paradigm），它可以给我们提供一个线索。简单地说，在这个实验中，父母被要求在与他们的婴儿互动时不做出任何表情。他们要对孩子板着脸，保持冷漠，面无表情。婴儿立刻就会试图引起父母的关注，只要在几秒钟内无法取得成功，婴儿就会明显流露出痛苦的神情。

● 奥普拉：他们开始哭泣了吗？

○ 佩里医生：通常他们都会哭。静止脸实验直观地表明，在婴儿感知到父母表情冷漠的几秒钟内，他们就开始感到痛苦并试图重新与父母建立连接。但当这些努力失败时，婴儿就会放弃交流并在情感上产生退缩。想象一下，如果这种体验持续下去，对一个正在发育中的孩子会造成怎样的影响。一个冷漠的、缺乏交流的、心不在焉的照顾者会对发育中的孩子产生直接的、影响广泛的、潜在的终生毒害。这个孩子长大后可能会觉得自己不够好，不配被人爱。即使有许多天赋和技能，他们也会觉得自己作为一个成年人是不够好的，这可能会导致一系列适应不良的行为，包括不健康的寻求关注的方式、自我破坏，甚至是自毁行为。

● 奥普拉：年幼的孩子依赖父母或其他照顾者来帮他们调节，而当这个照顾者在婴儿需要安慰或食物时态度冷漠，与孩子没有交流，甚至完全缺席，就会激活婴儿对于不可预见、无法控制的压力的应激反应。

○ 佩里医生：是的，这就会导致过度敏感的应激反应（见第二章，图三）。我们来谈谈这个问题。每个人——无论是婴儿还是成年人——都有几个系统帮助他处理当下面临的任何挑战。大多数人熟悉的是战斗或逃跑反应，这一点我们已经谈过了（见第三章，图六）。

● 奥普拉：我在看这张图——平静、警觉、惊恐、害怕、恐惧。请具体讲一讲吧。

○ 佩里医生：当我们有压力时，我们体内有一个分级反应，会逐渐激活大脑和身体的各个系统，帮助我们采取行动。当你没有任何压力时，你是“平静”的，可以反思过去、未来。但是一旦你遇到任何挑战——比如做工作汇报——你就会进入“警觉”状态。你在做汇报时会扫视人群，研究那些观众的表情，试图判断你的观点是否得到认可：他们听明白了吗？他们喜欢我做的报告吗？他们是否感到无聊？而在这一天的晚些时候，你遇到了一场小车祸，有那么一瞬间，你进入了“惊恐”状态。你有点僵住了，不知道该怎么做：我应该给保险公司打电话吗？我需要报警吗？我需要知道对方的信息吗？你暂时处于大脑冻结状态。突然，另一个司机跳出他的车，开始尖叫，用枪威胁你。现在你进入了完全的“恐惧”状态。

应激反应的另一个主要组成部分——解离——就会在此时开始发挥作用。你的大脑在不断监测环境情况，不断评估各种选择：我是否能够逃离这一切？我能够赢得这场战斗吗？你的大脑说你不可能战胜一个拿着枪的人，所以你开始试图避免更多的冲突，并爽快地道歉。你有一种感觉，看着这一切发生在你身上，就像是在看一场电影。你是如此机械地顺从他的要求，当场就付钱给他。你的时间感扭曲了。你正在解离。你的身体在为潜在的伤害做准备。你的心率下降了。你的血液不是全部流向你的肌肉以帮助你战斗或逃跑。你反而收缩了外周血液。你会变得面色苍白，甚至昏厥。你的身体正在为受到伤害做准备，将你与外部世界的威胁隔离开，将你带入你的内心世界。你的身体会释放内源性阿片类物质——内啡肽、脑啡肽——它们是你的天然止痛药。你真的会有这种感觉，你就这么旁观着一些事情发生在你身上。

● 奥普拉：这就是人们经常说的“灵魂出窍体验”（out-of-body experience），而且人们经常不太记得接下来发生了什么。

○ 佩里医生：没错。解离反应会伴随无法逃避的、不可避免的绝望和痛苦出现。你的意识和身体在保护你。因为你的身体不能逃走，而且反抗是徒劳的，于是你在意识上逃到你的内心世界。我们再回到无法与父母交流的婴儿。婴儿的战斗或逃跑反应就是哭，但如果没有人来，或者来的人很生气，无助的婴儿就会发生解离反应，让自己在这种不可避免的痛苦环境中生存下来。儿童、青少年和成年人面对任何不可避免的、无法逃避的痛苦和困扰时也是如此。他们会产生解离反应。而一系列的神经生理变化会帮助你做到这一点，包括释放你身体内部的阿片类物质。

● 奥普拉：所以人们会说“一切都慢下来了”？

○ 佩里医生：是的。当你处于解离状态时，你的时间感会消失。只是几秒钟的体验会漫长得像几分钟，而几分钟的感觉就像是你被困在一个永恒的时刻。

比如，我曾在枪击事件发生后询问联邦调查局探员。一名探员说那次事件有八分钟，但实际上，只有十秒钟。这是因为在那个时刻，他的大脑处于一种飘浮状态。他的意识已经离开了身体，看着发生在他身上的一切。

我们之中的许多人在体验到痛苦的时候都会产生这种感觉，并因此陷入一种麻木状态。比如有时我们会机械地完成日常生活中的每一件事，或者会觉得自己是在看电影。

● 奥普拉：我对这个话题很感兴趣，因为我经常在想，在一些极端情况下，比如“9·11”事件中在飞机上的人们，他们知道有恐怖分子，而且他们只有很短的时间给家人打电话。在那个恐怖的时刻，他们一定产生了某种解离感，因为许多人仍然能够给家人打电话，或写一张纸条，或冲进驾驶舱。

○ 佩里医生：你所指出的，是部分解离能够帮助我们适应环境，这在许多情况下都会发生。如果一个士兵在战斗中只是简单地按照唤醒反应的连续状态行动，到了逃跑阶段和战斗阶段，他就会从地上跳起来，然后被射杀。为了能持续从大脑皮质提取信息，让他能够按照平时接受的训练来思考和行动，在战斗中生存下来，他就需要一定程度的解离反应。这对生存至关重要。如果没有解离反应，一个人越是受到威胁，他就越会恐惧，他的大脑皮质就会关闭得越多。能够部分解离，与一部分外部世界的威胁脱离开，专注于自己受过的训练，这是在竞技体育和艺术表演等高压领域成功的关键。“心流”和“进入最佳状态”都是用来描述这种部分解离状态的。

● 奥普拉：在现实生活中，每个人在每一天都会用到解离。比如做白日梦，对吗？它可以是一种健康的应对机制。

○ 佩里医生：没错，这就是心智游移（mind-wandering）[1]。反思性和创造性思维要求我们在某一时刻停下来，进行反思，花点时间思考。我们反思过去，想象未来，让这种解离式的“游移”成为日常生活中的关键部分，而且它对人际关系互动也是至关重要的。

● 奥普拉：有一件事我非常惊讶，那就是你告诉我，大多数人只能在十五秒内完全专注于某个人和他所说的话，然后意识就会游移，开始思考自己听到的话和自己生活中其他事情的联系，以及与另外一些事的联系，然后注意力才会再回到讲述者身上。如此反复。

○ 佩里医生：这是一种非常正常的适应性能力。我们应该明白，解离反应不是一件坏事，但它有可能发生在糟糕的环境里。解离本身是一件好事。比如，一个在课堂上做白日梦的孩子可能正在发挥自己的创造力。我们现在的公共教育擅长培养雇员，但对于创新者、艺术家和未来的领导人而言，那样的课堂可能是一个让人不舒服的地方。

---

1 当我们处于空闲状态，或者在完成某项任务时，我们的意识常常会不自觉地转移到与当前环境或任务无关的一些内部思维、想象或体验中去，我们称这样的现象为“心智游移”，也就是我们日常所说的“白日梦”。——编者注

● 奥普拉：我们常常会惩罚做白日梦的孩子。

○ 佩里医生：是的。但是，在一个有发展观念和创伤意识的学校里，人们会有种共识，“停机时间”对于人的“内存”整合起着至关重要的作用。我们鼓励解离式反思。

● 奥普拉：对，是这样的。根据我在女子领导力学院的经验，我非常了解这种解离原理。那里的女孩很出色——你见过她们中的许多人。其实她们大多有过充满挑战和创伤的生活经历。我们总是给学校里的老师做培训，让他们明白做白日梦或解离状态对孩子们有切实的好处。当一个人的成长环境充满了无法逃避的混乱，当他缺乏支持和调节自己的力量，解离反应就是一种可预见的应对机制。他需要关闭自己，需要脱离他所处的环境，从那种强大的压力中解离出来，这样他才能继续生存下去。

○ 佩里医生：正是如此。当一个人感觉到无法逃避的威胁的时候，解离反应就是更加常见的应对机制。如果你是一个孩子，你的家人之间有很多冲突，但你别无选择。你不能说：“嘿，我要搬出去。”那么年幼的孩子不可能反抗或逃走，他只能留下来。

● 奥普拉：在什么样的情况下，解离反应会从一种应对机制变成分离性障碍[1]？我知道患分离性障碍的孩子会越来越多地把自己带进内心世界。

1 分离性障碍（Dissociative Disorder）的主要特征是患者将引起他内在痛苦的意识活动或记忆，从整个精神层面解离开来以保护自己，但也因此丧失其自我的整体性。——编者注

○ 佩里医生：你之前谈到婴儿与缺乏交流的父母在一起时，就有一点涉及这个问题了。请记住，不可预见的和不可控制的长期压力模式会使应激反应系统敏感化。如果在你年轻的时候，解离反应是你应对压力的首选模式，你最终会对任何挑战都产生敏感的解离反应。这时解离反应就变得过度活跃和强烈了。

比如在女子领导力学院里，曾经在混乱和威胁中长大的女孩子会在面对任何挑战甚至任何不适时，都产生解离反应。

● 奥普拉：我认为我们讨论的这一部分将对很多人有帮助，他们肯定想知道为什么自己遇到事情总是倾向于退缩。为什么当事情变得具有挑战性时，我就立刻弃赛退场？这是因为你的大脑已经被训练成在你感觉不舒服或受到威胁时立刻进入解离状态。即使数学考试的威胁没有想伤害你的人的威胁那么大，你的解离反应仍然有可能会过度强烈，以至于你对数学考试的反应是“关机”。

○ 佩里医生：是的。但这种反应并不总是完全“关机”。正如我们之前所讨论的，对挑战和威胁的解离反应有一个连续的发展过程（见第三章，图六）。对于那些容易对压力有解离反应的人来说，连续过程的第一个阶段是回避。这些人不希望有冲突。他们想成为隐形人，避免目光接触，不会主动出击，在讨论中始终保持安静。如果他们不能隐形，有人要与他们对峙，你觉得会怎样？他们就会转为顺从，但这是一种空洞的顺从。

● 奥普拉：他们只回答自以为对方想要听到的话，但他们和对方没有任何实际交流。

○ 佩里医生：在治疗有发展性创伤的孩子时，这是最具挑战性的问题之一。

● 奥普拉：不仅仅是孩子，我在成年人中也看到过这种行为。我记得几年前我们和加里·祖卡夫一起做的一个节目。一个女人在节目里说，因为小时候遭到过性侵，她成年以后总是会刻意破坏自己与他人的关系，无论那些人是否让她感到快乐，她都会在情感上疏远他们。她说她非常在意她的伴侣，但她还是疏远了他。她会假装维系关系，也可以说是顺从，但正如你所说，这是一种空洞的顺从。她并没有真正投入。在心理治疗师的帮助下，她开始尝试建立和维持健康的人际关系，积极地练习活在当下。加里·祖卡夫告诉她，有这种感受是很正常的，对许多人来说，“活着是一种恐惧”。我永远不会忘记他的这句话。

○ 佩里医生：这句话值得细细品味。过于敏感的解离反应的普遍表现之一就是自残，而且自残的人常常会说：“看到自己的血，让我觉得自己还活着。这样能缓解痛苦。”

● 奥普拉：你能解释一下自残背后的心理吗？我想并不是只有我一个人不理解：为什么会有人沉迷于自残？

○ 佩里医生：在外人看来，自残行为确实令人困惑。我们已经谈到了一个人的应激反应系统如何变得过度敏感：任何人如果经历过不可避免和无法逃避的创伤，都会有解离反应；并且如果这种创伤是长期的或极端的，解离系统就会变得敏感，反应会过度活跃和强烈。

请记住，解离反应会释放阿片类物质，即你自己的止痛药。如果一个解离反应并不敏感的人割伤自己，他的身体会释放一些阿片类物质，让他能够忍受疼痛。这种释放的量会相当小，和伤口大小成正比。但是，当一个有着敏感解离反应——反应过度强烈——的人割伤自己时，他的身体会释放大量的阿片类物质。这几乎就像吃了一点海洛因或吗啡。

● 奥普拉：你是说，那种感觉真的会很好？那种割伤和普通的割伤不一样？

○ 佩里医生：阿片类物质通过割伤爆发出来，的确能让人有得到调节的感觉，能产生缓解痛苦的作用。对一些人而言，这就是奖赏效应，能够让他们感觉很好。

● 奥普拉：他们不会感到疼痛。

○ 佩里医生：不会。实际上，这是许多人钟爱的自我调节手段。

● 奥普拉：真是没想到。也就是说，处于失调状态的人，才会获得那种痛苦缓解的感觉。如果是在正常的调节状态，割伤自己还是会很痛的，对吧？

○ 佩里医生：对的。这样的人必须首先有过度敏感的解离反应。他们通常都有极度痛苦、不可避免、无法逃避的受虐待史，婴儿或幼儿时期的经历充满混乱和威胁，比较常见的就是性侵。

● 奥普拉：发生在你身上的事，都是你无从逃避的。

○ 佩里医生：是的。这就会导致一个人的解离神经系统变得敏感——反应过于强烈。于是这个人会发现一种自我缓解、减轻痛苦的有效手段，那就是自残。

● 奥普拉：这真是个值得思考的问题。我对这个问题困惑很久了，之前我们谈过，我们学院里有一些女孩来自艰难的、有挑战的生活环境，我创建女子领导力学院，就是想为她们提供机会，她们的人生道路也的确改变了。然而，学院里还是会出现自残现象。每次得知这样的事，我都很不解，怎么会有人想要自残呢？她们是怎么学会做这种事的？是因为看到过别人这样做吗？如果没有这所学院，她们仍然住在以前的村庄或乡镇，又会怎么样？她们在那里也会自残吗？那些村子里的人会自残吗？

○ 佩里医生：这的确是需要深入研究的问题。从早期创伤来看，有这种敏感反应的孩子，当他们撕开结痂的皮或抓挠蚊虫咬的包时，会发现“哇，这种感觉很好”。于是他们知道了自残可以让自己得到调节。但这种情况只占一小部分。事实证明，许多人是从他们的同龄人那里了解到这一点的。有时你甚至会在流行的电视节目中看到有人谈论自残。

有些孩子在尝试自残之后会说“不行啊，太疼了，我不会再这么做了”，另一些却会说“哇，感觉不错”。就像毒品一样，有一定比例的高中生会尝试吸毒，但只有18%到20%的学生最终会因为反复吸毒而出现问题。而如果你看一下那些在首次尝试以后又一再吸毒的人，占比非常高的是有过发展性创伤的人；而那些不会再尝试毒品的孩子中，有发展性创伤的人则比较少。

● 奥普拉：对于经历过创伤的人，毒品是一种特殊的自我调节手段。

○ 佩里医生：没错。自我调节有许多不同的病态表现形式，但它们都与和应激、奖赏相关的神经系统有关。比如有一些孩子会用头撞墙。

● 奥普拉：是的，这种情况我也见过。

○ 佩里医生：这都会产生同样的效果。还有一些孩子会发现揪掉头发和眉毛的感觉就像吸食了一点鸦片。

● 奥普拉：了解这些真的非常重要。我以前都没有意识到这些都是有联系的。

○ 佩里医生：孩子们总会找到办法缓解痛苦。让自己呕吐同样能引起阿片类物质的超量分泌。所以，有些人的饮食失调其实与自我安抚有关，而不是他们的身体出了什么毛病。这也是一种病态的缓解方式。

● 奥普拉：原来是这样。但这些行为都有些极端。还有其他更常见的应对行为吗?

○ 佩里医生：有的。这些行为会发展出不同的人格特征，起初不容易识别，但当一个人面对麻烦局面时，与那些有挑战性的人互动时，人格特征就会显现出来。

● 奥普拉：我曾经提到过，在我生命的大部分时间里，我的主要人格特征之一就是讨好型人格。这影响了我的一切——我的体重、我的健康、我的事业、我的人际关系。当你受到虐待，而你又被教导要对此保持沉默时，你最终就总是会想要取悦别人，因为你已经知道，抗议只会导致惩罚。你不知道如何说“不”。

○ 佩里医生：取悦他人是一种典型的应对机制，是解离反应中的“顺从”行为的一部分表现。不过我们要记住很重要的一点，解离反应和解离性质的自我调节行为并不都是坏事。

人类控制自身解离反应的能力是非常强大的。它促使我们反思自己的认知，对某一特定事物高度关注。催眠、心流、进入最佳状态——所有这些都是解离反应所带来的出神状态的例证。那些学会控制何时以及如何进入出神状态的人，都是有天赋的。我敢肯定，奥普拉，你真的很擅长解离。这是你的超能力之一。

● 奥普拉：是吗？

○ 佩里医生：绝对是。我们可以从你喜欢阅读说起。

● 奥普拉：哦，是的，这是真的。对我来说，读书一直是一种逃避的方式。书让我找到了通向个人自由的路。我在三岁的时候就学会了阅读。自从我开始读书以后，我很快就知道，在密西西比我外祖母的农场之外，还有一整个世界。

○ 佩里医生：对。而且很显然你在反思。

● 奥普拉：是啊，正是如此。

○ 佩里医生：你可以在脑海中想象未来发生的事情，这是很多人难以做到的。这就是解离。它是健康的、有疗愈作用的、对我们有益的。所以我们给解离反应贴上病理学的标签时需要格外谨慎，绝不能轻易将它看作一种完全的消极行为。它可能是一种不可思议的力量。

但对你来说，有时为了适应环境所产生的解离反应，导致了你的“顺从”。你一直在努力给别人他们想要的东西。

● 奥普拉：是的，讨好型人格。

○ 佩里医生：这是你给自己的默认路径。保持低调，做别人要你做的事，不惹任何人生气——尽力给别人他们想要的一切。

● 奥普拉：百分之百全中。尽力给别人他们想要的一切。

○ 佩里医生：但随着时间推移，你还是发生了改变。你摆脱了那种过分顺从的习惯。你经常使用“意图”（intention）这个词——当你说这个词时，我认为你的意思是“可控的”（见第二章，图三）。你的生活非常忙碌，充满了挑战和要求，但你扛住了这些压力源，用界限和意图使你生活中的应激模式更可预见、可控制和可承受。这是一种构建疗愈和复原力的应激激活模式。

● 奥普拉：我从加里·祖卡夫那里学到了意图的力量。它改变了我的一切；它是我生命中的引导力量。加里告诉我，每个想法和每个行动之前都有一个意图，而你所经历的所有事的结果，都是由你的意图来决定的。这听起来很复杂，但我真的是在做每一件事之前都会问自己：“我这样做的意图是什么？”

一旦我明白了这一点，我就开始根据我的意图来做决定，而不再是只想着别人希望我做什么，或者做什么能取悦他们。我这一生遇到过许多欺负我的人，是意图的力量帮助我设立界限，让我只做我想做的事，因为这对我来说才是真实的。对每一个决定，无论大小，学会说“不”——这样做治愈了我，是意图拯救了我的人生。

说到决定和选择，我想聊聊让我们许多人都困惑不已的问题：为什么已经成为受创伤者的人，会一再被虐待关系吸引？

○ 佩里医生：我来拓展讲讲这个问题，因为理解它非常重要，这不仅仅涉及虐待，而且关系到人类的所有行为。其中的关键是，我们所有人都会被熟悉的事物吸引，即使这个熟悉的事物是不健康的，甚至是具有破坏性的，我们总是会被从小伴随我们长大的东西吸引。

正像我们之前所讨论过的，在我们小时候，我们的大脑开始理解我们的体验，创造了我们对世界的认知模型。大脑围绕着我们最初体验的氛围和状态进行组织构建。因此，如果在生命早期，你得到了安全的、积极的抚养，你就会认为人们本质上是好的。而且，正如我们前面谈到的，这种世界观让你把“善”投射到你遇到的人身上，而这种善的投射会带来善的回报。

但如果你小时候经历过混乱、威胁或创伤，你的大脑就会按照“世界不安全，人们不可信”的观念来组织构建。想想詹姆斯，当他与人接近时，他并不感到安全。亲密关系反而会让他感受到威胁。

这就是最令人感到困惑的地方了：当世界与詹姆斯的世界观相

一致时，他才会感到最舒服。被拒绝或遭到恶劣的对待才能验证他的观念。对任何人来说，最不稳定的事情就是他们的核心观念受到挑战，正如心理学家维吉尼亚·萨提亚（Virginia Satir）[1]所言，“与不确定的痛苦相比，确定的痛苦会让我们感觉更好些。”无论好坏，我们总是被熟悉的事物所吸引。

● 奥普拉：所以，如果一个人曾经受到过虐待，他很可能会和一个虐待他的人建立关系，因为那是他所熟悉的？

○ 佩里医生：是的。如果他和一个对他好的人建立关系，他反而可能会感觉越来越不舒服。然后，他会下意识地去寻找可预见的反应。他可能会尝试激起对方的一点反应——“也许我这么做就能惹毛他”。如果他真的刺激那个人做出他最熟悉的行为，比如对方很生气，对他很恶劣，这就让他的世界观得到了确认。尽管结果是混乱和冲突，但他又回到了原来熟悉的界面，这让他感到舒适。

● 奥普拉：我和学院里的很多女孩都有过这样的经历。那些女孩都很聪明，也有很好的潜质，但她们之中有很多人在幼年时期从没有看到过和体验过真正的爱，也不知道什么是真爱的表达。在她们的成长环境中，伤害无处不在，而且不仅仅是身体上的伤害——她们没有得到过应有的陪伴，照顾者应该做的事都没有做到。最终她们开始相信，这样的行为就叫爱。她们已经习惯接受这种“爱”。所以当我们的一个

---

1 维吉尼亚·萨提亚（1916—1988）是举世知名的心理治疗师和家庭治疗师。——编者注

女孩遇到一个真正尊重她的年轻人时，她会不假思索地认为他有问题。正如你所说，她会做一些事情来激怒他。她会主动破坏他们的关系，只为了让他以她习惯的方式对待她，也就是离开她。就像玛雅·安吉罗（Maya Angelou）[1]常说的：“你教会了别人如何对待你。”

所以我真的想知道：如果这是大脑发育的方式，有可能解决这个问题吗？如果可以，该如何解决？

○ 佩里医生：好消息是，大脑在整个生命过程中都是可塑的。我们可以改变，但我们不会随机改变。用你最喜欢的词来说，如果我们知道需要解决什么问题，我们可以有意图地去改变。关键是要认识到大脑的工作模式。

● 奥普拉：我知道了。要先把这些点串联起来。但是，要如何帮助人们认识到这其实是同样的问题，只不过这个问题会以不同的面貌出现？人们通常都是如此——比如他们的生活中总是会出现同一种类型的人，只是身份各异，可能是一个老板，也可能是一个专制的朋友。

我对我的女孩们说：“要知道，有一条主线贯穿你们的生命历程。注意一下你选择什么样的朋友，你有什么样的人际关系，你被什么样的男友吸引——看看所有这些人有什么共同点，然后问问自己，这些人给了你什么样的感觉，其中哪些感觉触发了你曾经有过的感觉。如果在体验这些感觉时，你说‘上帝啊，我觉得很挫败’，这时你要注意，导致你说出这种话的人是否触发了早已藏在你心里的东西。”

---

1 玛雅·安吉罗，美国黑人作家、诗人，在贫民窟的匮乏生活中长大。她的诗歌代表着鲜明的民族主义立场、“黑色权力”（为黑人种族争取自由和平等）以及黑人女性的觉醒。——编者注

○ 佩里医生：这些模式确实会贯穿一个人的一生，而且往往也贯穿了他们的父母和祖父母的一生。如果不认识到这些模式，就很难改变。我们治疗过的许多儿童和成年人都已经习惯了混乱。实际上，他们在混乱的时候要比平静时感觉更舒服。因此，当他们进入一间教室或一个新的寄养家庭，那里的人是可预见的、稳定的和体贴的，这反而会让他们感到不舒服。渐渐地，他们变得越来越不自在，直到他们激发出可预见的反应。有老师和养父母告诉我："那孩子表现得就像是想要受到惩罚。"

在某种程度上，这些老师和养父母说的没错。他正在向世界寻求可预见的反应，而对他来说，可预见的反应就是被惩罚、被排斥、被贬低。他在寻找证据，来验证他的世界观：世界是混乱的。人们不值得信任。我不属于这里。他的确在努力争取被赶出这个班级；被赶出接受他的家庭。在治疗时，我们会帮助他周围的成年人理解这种行为的真正含义，告诉他们如何识别，以避免这种行为重演。

● 奥普拉：这正是你十年前告诉我的。那时我们学院刚刚在南非创立，我在学院创立的第三天给你打了电话。

○ 佩里医生：我记得。

● 奥普拉：刚来学院的女孩们突然出现奇怪的行为，我们不知道怎么回事。我理解她们可能是想家了，但你认为她们中的一些人可能存在与创伤相关的问题，甚至是创伤后应激障碍。你当时对我说，她们曾经的生存条件的确非常恶劣，而我们所做的是让她们离开家庭，进入一个陌生的环境。在她们原先的家里，可能是六个人睡在一张床上，而现在她们是独自睡觉，床单不一样，舒适程度不一样，秩序感也不一样。学院里的每个人都是因为爱她们而来的，会一直支持她们。

○ 佩里医生：而这种秩序、稳定和支持对她们的世界观反而是一种挑战。她们的大脑在想，这到底是怎么回事？她们在想，我想要熟悉的东西。于是她们行动起来，在有秩序的地方制造混乱，心里不停地想着，我要制造一些熟悉的东西。

● 奥普拉：我想要混乱。我想要熟悉的东西。

○ 佩里医生：是的。所以你要做的是给这些孩子时间，给她们创造体验。她们需要耐心和理解，需要足够的新体验来塑造对世界的新观念，需要时间来创建具有全新连接的神经网络。而这正是你们学院为这些女孩提供的——新的机会，学习认知新事物，以及最重要的：新的关系、新的体系、新的希望以及新的社会情感课程——所有这一切都将持续很多年。她们的世界观将在这些岁月中被修正、拓宽、阐明和巩固。这需要时间和耐心，有时还需要心理治疗的帮助。

● 奥普拉：但那必须是正确的治疗。

○ 佩里医生：你说得对。人们往往认为心理治疗是关注那些需要清除的体验，即创伤的体验。但无论你过去的体验在你的大脑中产生了什么，这些连接都是一直存在的，你不可能简单地清除它们。你不可能摆脱过去。

心理治疗更多的是建立新的连接，创建新的、更健康的默认路径。心理治疗就好比是在你的双车道水泥马路旁边建造一条四车道的高速公路。旧的道路仍然保留着，但你不再使用它了。心理治疗就是创建一个更好的替代方案、一个新的默认路径，而这需要多次重复和时间。坦白说，如果接受心理治疗的人了解大脑是如何变化的，那么他的治疗就能达到最好的效果。所以，了解“创伤是如何影响健康的”对每个人来说都至关重要。

第七章

创伤后的智慧

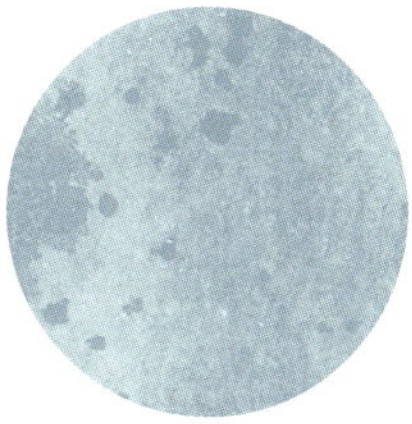

无论你处于什么年龄段，都不可能历经创伤而毫发无损。而且一旦发生创伤，就不可能再回到原来的样子。即使你的生活没有产生明显的现实影响，即使你表现出了复原力，变化依然是存在的。例如，一个孩子在学校的表现可能和原来一样好，但他很可能需要为此付出更多的精力和努力。

○ “孩子的复原能力很强——他们能挺过去的。”

这样的话，我已经听过很多次了。当我和纽约市官员站在冒烟的世贸中心残骸前；当我在韦科邪教惨案[1]发生后与联邦调查局探员和得克萨斯巡警坐在一起；当我在三名幼小的儿童目睹枪击事件后与急救人员一起穿行在血迹斑斑的公寓中；当我在学校枪击案后与地区官员交谈——太可怕了，已经发生了几十起校园枪击事件——在这样的时刻，我经常听到这句话：“好在孩子们的复原能力很强。他们会好起来的。”

相信别人有复原力，这已经成了我们的情感盾牌。面对别人的创伤时，我们会感到不适、困惑和无助，我们要保护自己不受这些负面情绪的影响。于是我们转过脸，不再去看，如此一来我们的世界观就

1 韦科邪教惨案指1993年，美国得克萨斯州的小镇韦科（Waco）发生了一场人间惨剧。镇外农场上有一栋被称为“迦密山”中心的建筑，住在这里的“大卫苗裔”（Branch Davidians）教派先是与烟酒枪支爆炸物管理局（Bureau of Alcohol, Tobacco, and Firearms）前来搜查违禁武器的执法人员交火，互有伤亡，然后又与联邦调查局武装对峙五十一天之久。1993年4月19日，联邦调查局下令结束对峙，用催泪瓦斯强攻，意图将这些教徒逼出来。然而楼内忽然多处起火，七十四人葬身火海，其中有二十名儿童。——编者注

不会受到挑战，最大程度减少我们受到的干扰，让生活能够继续下去。

当有人受到创伤或悲痛的冲击时，我们就会见证这个过程。他的家人、朋友和同事开始和他保持距离，因为他们害怕创伤性痛苦的强烈的负面影响。渐渐地，他们与他见面的次数越来越少，谈话越来越流于表面，互动越来越短暂。因为他们的生活还要继续。而深陷痛苦或遭受创伤的人只会感到越来越孤独无助。情绪的最低谷不会在创伤事件发生后的第一周到来。在最初的几周，家人、朋友和社区通常会动员起来，向当事人提供情感支持。当事人自己的身体和精神能量也还能起到作用——这些能量可以让他进入解离状态。尽管每个人的具体经历不同，但大约都会在六个月后开始跌入谷底。之后这个人会沿着底部漂流，随着周年反应[1]、唤醒线索和疗愈时机的出现，情绪状态起起伏伏。有些人会不断上升；有些人则彻底沉沦。没有人是一样的。

在面对大规模或群体性创伤时，比如战争、饥荒、自然灾害、校园枪击案、奴隶制的跨代影响，我们看到了同样的回避和合理化反应。特权阶层会将注意力从痛苦中转移，面对系统性种族主义，我们说“看他们取得了多么大的进展”；面对文化种族灭绝，我们说“他们需要同化”；面对创伤，我们说“他们有复原的力量，太伟大了”。创造一个“他者”是如此容易。“我们”和“他们”的概念在我们的神经系统中根深蒂固，这就让连接成了一把双刃剑。我们与我们的氏族有很强的连接，但与其他氏族的连接就不那么紧密了——我们与他们在竞争有限的资源。

当创伤影响到一群人或一个集体时，震中就是那些受损失最大和痛

1 周年反应指重大的创伤事件所导致的悲痛没有消散而产生的反应，一周年过去的时候，曾经发生的创伤事件，或者围绕这个事件产生的情绪、情感，又会重新浮现。——编者注

苦最深的人。人们的注意力、精力和资源会立即被调动起来，向这个震中集中。人们都会冲过去帮忙，但这种帮助往往时机不对，而且是混乱无序的，对创伤充满无知。在最初的几个星期里，成千上万的人自愿投入他们的时间。六个月后，就再没有人这样做了。帮助者最初都是一腔热血，充满激情，渐渐地，创伤后的心理问题开始暴露，越来越严重，帮助者纷纷离开。学校或城镇都不希望被贴上创伤的标签，他们希望展现出蓬勃发展的形象。人们也渐渐厌倦听到与创伤有关的消息，他们只想谈论疗愈和希望。这时，总有一些人出于善意想要努力做点事情：他们穿上印着积极口号的T恤衫；为茫然无措的孩子们准备泰迪熊；向失去孩子的父母表示慰问。这些尴尬的、善意的姿态，是为了表达我们努力想要伸出援手，也是为了消除我们自己的无助感。

在遭遇创伤之后，最难理解的是，没有任何东西和任何人可以将痛苦带走。而消除痛苦是我们每个人都极力想要做到的事情——因为我们是社会动物，会受到情绪感染，当我们在受伤的人身边时，我们也会受伤。可是我们不希望受伤。面对被摧毁的生活，我们不可能感受不到痛苦。于是我们试图消除或否定他人的痛苦，转移注意力，这有助于我们的自我调节。

因此，我们对人与生俱来的复原力做出了武断的假设，我们对此一概而论，想要将受创伤的儿童边缘化。我们把注意力从悲剧中移开，继续我们的生活，告诉自己“他们会好起来的”。但是，正如我们在接下来的讨论中会看到的，创伤的影响不会逐渐淡化。

我们是可以互相疗愈的，但关于复原力和毅力的假设会蒙蔽我们，使我们看不到正确的疗愈方法，我们也就无法走上那条虽然充满痛苦但通往智慧的道路。

——佩里医生

● 奥普拉：你说过的最发人深省的一句话是："孩子不是生来就有复原力的，他们只是生来就有可塑性。"你能解释一下其中的区别吗？

○ 佩里医生：你拿着一个碰碰球（NERF ball）[1]，挤压它，扭动它，对它施加各种力量，最后它还是会恢复成原来的样子。碰碰球是有弹性的，也就是人们经常说到的儿童在遭受创伤后都会有的那种"复原力"。他们总是一厢情愿地认为孩子可以承受住创伤性的压力，并以某种方式奇迹般的不受影响。仿佛孩子能够恢复到他们之前的情感、身体、社会和认知的健康水平，不会有什么变化。但正如我们在这本书中所讨论的，这根本不是大脑的工作方式。我们总是在变化。我们从我们所有的经历中改变，无论是好是坏。这是因为我们的大脑是可改变的、可塑造的。它一直都在变化。

以金属衣架为例，假设你需要从下水管道里捞出什么东西，衣架就是你最好的工具。你可以用力把它掰成你想要的形状。它是可塑的。当工作完成后，你可以再把它掰回成原来的形状，但即使你是掰衣架高手，你也不可能让它和原来一模一样。而且在它被弯曲过的地方会出现一些脆弱点，如果你继续在同样的地方把它弄弯再拉直，衣架最终会断裂。

现在，回到我们之前谈到的复原力，的确，儿童和成人都可以表现出复原力。面对挑战甚至创伤，你可以展现出复原力，也可以构建复原力。但这不是碰碰球的那种复原力，它也不是儿童的天生属性。在遭受创伤后恢复到心理稳态的能力受到许多因素的影响，其中

---

1 NERF是美国的一个玩具品牌，它的商标意义是"非发胀海绵"（Non-Expanding Recreational Foam）的缩写，该品牌推出的大部分玩具是以非发胀海绵材料制成的。——编者注

的主要因素是你的连接感。

● 奥普拉：所以你的意思是，无论你处于什么年龄段，都不可能历经创伤而毫发无损？而且一旦发生创伤，就不可能再回到原来的样子？

○ 佩里医生：从某种程度来说，是这样，这就是我想说的。不过我要再明确一下：复原力的概念是在我们这个领域中使用的。如果你仔细观察我们经历过创伤之后的生理变化——包括基因表达方式在内的各种变化——你就会知道，创伤对每一个人都会造成某种程度的改变。

即使这些变化没有给这个人的生活带来明显的现实影响，即使这个人表现出了复原力，但变化依然是存在的。例如，一个孩子在学校的表现可能和原来一样好，但他很可能需要为此付出更多的精力和努力。或者我们会发现，一个孩子能够恢复到他以前的情感功能水平，但神经内分泌系统的变化可能让他有更高概率患上糖尿病。从本质上讲，这就是童年逆境经历研究显示的结果：逆境经历会影响发育中的儿童，这一点确切无疑。这种影响会是什么，何时表现出来，如何能够对其进行缓冲——我们一时还无法说清。但发展性创伤将始终影响我们的身体和大脑。

● 奥普拉：如果观察一个受创伤的孩子的大脑，会有什么不一样吗？

○ 佩里医生：我们目前的大脑成像技术已经相当精密了，但还是不可能灵敏到在扫描一个儿童的大脑之后很有信心地得出具体结论，比如：“前额叶皮质不够活跃一定是由虐待引起的。”我们所知道的是，如果你将一组没有经历过虐待的儿童与一组经历过相似时间和类型的虐待的儿童进行比较，这两组儿童大脑中一些区域的大小会有统计学上的显著差异，在“连接”和“活跃度”上也会有一些差异。但是创伤的发展、大脑和创伤性质的复杂性使得神经影像学的研究结果非常难以解释。

● 奥普拉：那么，如果你看一个得到支持和照顾的三岁儿童的大脑，和一个被忽视和虐待的三岁儿童的大脑，你能看出区别吗？

○ 佩里医生：同样，这也是非常复杂的。但如果这个儿童是被全面忽视的，那么，是的，使用正确的成像技术，你就可以看到差异。但这些同样很难解释。

遭受创伤或忽视后，最能显示大脑变化的指标实际上是“功能性”的变化：孩子是不是变得冲动，变得不专心了？他们是否有会话和语言问题或精细动作控制问题？他们是否抑郁或焦虑？他们在学习上有困难吗？他们能否与他人建立和维持健康的关系？所有这些表现都比脑部扫描更好地显示了大脑的变化。

现在我们可以通过大脑扫描看到，我们每个人都有一个独特的大脑——之前我们一直在讨论这个话题，这并不令人惊讶。正因为我们每个人都有一个独特的大脑，所以我们都会以某种独特的方式体验压力、痛苦和创伤。经历同样创伤事件的两个人可能会有不同的反应，并以不同的方式复原。当一个人能够在情感上复原到创伤前的功能水平，我们就可以说他表现出了复原力。这种能力是可塑的。换句话说，应对压力、痛苦和创伤的能力是可以改变的。我们可以帮助他人构建这种能力。你也可以让自己的应对机制变得更强大和更有效。

● 奥普拉：在我小时候，我们经常说“经受考验”。因为我们找不到一个合适的说法来形容那么多非裔美国人所承受的创伤，所以我们说我们是在“经受考验”。教会对我们来说意义重大——我们在教会中共同经受考验。

○ 佩里医生：你的这番话实际上说明了构建复原力的一个核心方面。一个人与其他人的连接是缓冲当前一切压力的关键，也是疗愈过去创伤的关键。和那些愿意陪伴他、支持他、关怀他的人在一起，拥有归属感，这些都至关重要。

当然，其他因素也会影响一个人展现复原力的能力。其中一些最重要的因素与你的应激反应系统的敏感性有关。任何使这些系统更加活跃或敏感的因素都会使你更脆弱，包括遗传因素、宫内乙醇暴露、有依恋问题史或创伤史。

让我们回到最初的谈话，回到我们说过的核心调节网络。核心调节网络由一组非常重要的神经网络组成，它们一直延伸到你身体和大脑的每一个部分。我们知道，当这些系统组织良好、灵活和强大时，我们就有能力应对各种形式的压力源（见第二章的图二和图三）。

我们还知道，可控的、可预见的和适度的挑战可以使核心调节网络更加强大。我们的应激反应能力在经过“练习”后得到拓展。因此，如果一个孩子在成长过程中有机会遇到可预见的、适度的挑战，他将更有能力在面对挑战时表现出复原力。

这个过程最开始是新生儿饿了、渴了或冷了，这时就需要细心体贴的照顾者满足他们的需求。然后，他们会爬离父母身边的安全地带，开始探索这个世界。因为世界是新鲜的，会激活他们的应激反应——当然，只是适度激活。当压力过大时，他们会爬回安全地带。这个过程——离开安全地带，探索新事物，回到安全地带——对幼儿和儿童来说将持续成千上万次。通过这些小挑战，他们构建了在面对意外压力时的复原力。

一切发展都与接触新鲜事物有关，这样我们的应激反应将会被激活。有了安全稳定的关系基础，成千上万次适度的压力刺激将有助于激发灵活的应激反应能力。在每个学年认识新同学和新老师，学习新知识，都会带来适度的、可预见的压力。参加体育、音乐、戏剧和其他活动，也能给可控制的、可预见的压力创造机会，这都有助于构建复原力。

而在这一切刺激中，关系是绝对的关键。对于婴儿来说，与主要照顾者的关系是他们未来所有建立关系的能力的基础。充满支持和关怀的关系，让孩子有信心迎接挑战。在孩子面对新挑战的时候，成年人可以示范、鼓励、提供帮助。而人与人关系中的奖赏，比如微笑、鼓励的话语、在挑战过程中和挑战之后对进步的祝贺，这些都会激励孩子，让孩子不断重复练习并掌握技能。没有这些关系支持的孩子将无法在发展过程中取得同样多的成功。

还有一点很重要——提供支持的父母、老师或教练还可以帮助孩子获得适量的挑战。挑战应该符合孩子的发展阶段，因为不可能成功的挑战只会增加孩子的挫败感。我们不能指望一个尚未学会乘法的孩子学习代数，也不能期待一个刚刚学会写字的孩子写出完整的段落。要遵循“金发女孩原则”[1]，挑战不应该太难，也不应该太容易，同时还必须有足够的新鲜感，可以使孩子离开他们的已知经验和已经掌握的技能的舒适区。如果面对挑战需要建立复原力，它必须是适度的，恰到好处。

把握恰到好处的度是有过创伤的儿童的主要问题。记住，他们经常生活在持续的恐惧状态中，而恐惧会关闭大脑皮质的一部分——那里是大脑进行思考的区域。坐在教室学习对许多孩子来说可能是适度的适合发展的挑战，但对应激反应过度敏感的孩子来说，那可能是难以实现的要求（见第三章，图五）。

● 奥普拉：因此，孩子们需要一些挑战来帮助建立复原力，但挑战带来的压力必须恰到好处，而且必须有足够的支持，否则孩子就会失调，产生挫败感。不仅不会建立信心和复原力，还有可能失去自尊，甚至更糟。

○ 佩里医生：是的，没错。应激反应需要适度激活。要成为一名优秀的运动员，需要给你的心血管系统和肌肉施加压力和挑战，但必须以一种可预见的和适度的方式施加压力，否则你就有受伤的风险。

---

1 西方有个儿童故事叫《金发女孩与三只小熊》，迷路的金发女孩未经允许就进入了熊的房子，她尝了三个碗里的粥，试了三把椅子，又在三张床上躺了躺。最后发现不烫不冷的粥最可口，不大不小的椅子坐着最舒服，不高不矮的床躺着最惬意。道理很简单，刚刚好就是最适合的，这样做选择的原则被称为金发女孩原则。——编者注

● 奥普拉：要成为一个健康的人，也必须承受一些挑战，让自己建立起复原力和共情力。

○ 佩里医生：是的，健康的发展涉及一系列挑战和对新事物的接触，而失败是这个过程的一个重要部分。我们尝试，我们跌倒，我们爬起来，再次尝试。不断重复这一过程。所有发展过程中的成功都是在失败之后，而且通常在掌握技能之前会发生许多次失败。关键是挑战的目标必须是可达成的，要足够接近你目前的能力，让你在得到一些鼓励、经过反复练习后就能赢得胜利。

在一个可以感受到被爱和安全的环境中，孩子会选择离开他们的舒适区。安全和熟悉是“无聊”的。一个处于安全和稳定中的孩子，一定是一个好奇的孩子——他们想要探索新事物。一个感到不安全的孩子就不会想去探索。这是健康发展的一个基本规则。安全感和稳定感为健康成长奠定了基础。

● 奥普拉：如果孩子在一个充满混乱或缺乏依靠的家庭中长大，你所说的发展过程将会完全不同。这让我想到了我们遇见的一些人，一旦你说了任何他们觉得是批评或挑衅的话，他们就会立刻准备战斗。哪怕只是一点微不足道的小事，他们也会挥起拳头。

○ 佩里医生：是的，你说的可能就是有敏感应激反应系统的人。我们的大脑自下而上地处理传入的感觉输入（见第二章的图二和第五章的图十），如果某人的生活中曾经出现混乱、不可控或极端和长期的压力，特别是在他的生命早期就遭受过这样的压力，他就更有可能在思考之前采取行动。他们的大脑皮质不那么活跃，而他们大脑的低层级的反应占据了主导地位。

要与一个失调的人进行有意义的沟通是非常困难的，而且几乎不可能和他们讲道理。这就是为什么让失调的人“冷静点”从来都没有用。

● 奥普拉：这只会让他们更愤怒。

○ 佩里医生：是的。当一个人情绪失控时，语言对他就不会起作用了。你说话的语调和节奏有可能比实际的语言对他更有影响力。

● 奥普拉：所以首先要陪他们一起？

○ 佩里医生：是的，如果你可以安静地陪伴，那是最好的。如果你使用语言，最好是复述他们所说的内容。这叫作“反馈式倾听”（reflective listening）。你无法让别人摆脱愤怒、悲伤或沮丧的情绪，但你可以成为一块海绵，吸收他们的情绪。如果你一直保持自我调节，最终他们会“接住”你的平静。做一些有节律的活动，对自我调节也会有帮助，比如一起散步、来回踢球、投篮、坐在一起涂色。有几十种节律活动可以帮助我们进行调节。

● 奥普拉：有节律的活动为我们提供了更为紧密的沟通方式。

○ 佩里医生：正如我们之前提到的，节律非常重要，它作为一种心理治疗工具却常常被忽视。我记得有一次我听迈克·罗斯曼给我讲述他的周末——就是我们在第一章中讲到的那位朝鲜战争老兵。我说“听”，但实际上我一半在听，一半在走神。我觉得他说的那些话我已经听过十几遍了。“周六晚上我睡得像个婴儿，整整睡了一夜。星期天感觉非常好。然后我昨晚又睡得很糟糕。”这时，我猛然意识到——这话我真的已经听过十几遍了！每个星期一迈克都会这样描述一遍他的周六晚上。

我有点不好意思，注视着他问：“你说你这个周末做了什么？”

他说道：“我们去吃了晚餐，然后去了一家舞蹈俱乐部。”

“你们在那家舞蹈俱乐部做了什么？”

他看着我，挑起眉毛。

“哦，你们跳了舞，对吧？那你们跳了多久？几个小时还是只有一两支曲子？跳的是华尔兹？街舞？”

“他们放了各种各样的曲子，不过大部分都是摇摆乐，偶尔有一点摇滚。我断断续续差不多跳了三个小时。”

“上周你告诉我你在做理疗时睡着了，就在疗程结束，他们给你做按摩的时候，对吧？”

“是的。”

我思考着他的这段经历，开始意识到舞蹈和按摩这种模式化、重复性活动的调节潜力。你一定还记得，迈克·罗斯曼有创伤后应激障碍。他的应激反应系统，包括他的核心调节网络，存在过度活跃和反应过激的问题，这使他很难入睡。而当他睡着时，他的敏感的应激反应系统使他很难顺利进入睡眠的各个阶段。因此，他睡得很浅，通常几个小时后就醒了。许多个夜晚，他只能打几分钟瞌睡，然后就会被一些轻微的噪声惊醒。这让他总是疲惫不堪。但现在他告诉我，在跳过几个小时的舞后，他睡了一个漫长、深沉、神清气爽的觉。当他接受按摩时，几分钟之内就能睡着。

从那时起，“物理治疗”成了迈克的主要治疗手段，他每周都会去按摩几次不舒服的背部。我鼓励他每周都适当地跳跳舞、散散步。他开始在城里散步，并且精心安排了节律活动时间表。大约过了一个月，他的睡眠好了很多，创伤后的侵入性症状也开始减弱。

● 奥普拉：真的难以相信，散步这样简单的事情有这么好的效果。行走对我来说是非常有调节作用的。

○ 佩里医生：如果你能在大自然环境中散步，调节效果就会更明显。大自然中的各种感官元素让我们沐浴在它们各自的调节性节律中。

我们来继续讨论如何帮助一个失调的人更好地调节自己。这时你不应该对他说："嘿，告诉我你在想什么。"在谈论困扰他的事情时，你需要让他来掌握什么时候说和怎么说。如果你给他这种控制权并让他感到安全，在他自己能够掌握的时间里，他会更有倾诉的动力。

● 奥普拉：是这样！我想起我第一次采访伊丽莎白·斯马特的父母时的情形。你也许还记得，伊丽莎白在十四岁时被人用刀劫持，从她在盐湖城的家中被带走，并被囚禁了九个多月。我在她康复后采访她的父母，我问："对这件事，她说过什么？你们有没有谈过什么？"他们却告诉我，她还没说过什么。当时我很惊讶，但我现在明白了，他们在等她，等她在自己感到合适的时间，以她觉得合适的方式开口。因为，正如你所说的，如果由别人来掌握受创伤者什么时候说和怎么说，很可能会造成二次创伤，而不是疗愈。

○ 佩里医生：没错。我们希望提供治疗性的、疗愈性的互动——适度的、可控制的、可预见的互动。还记得你描述的与盖尔的交谈方式吗？还有那个告诉收银员，他母亲已经去世的小男孩？让受创伤者自己来把握在何时讲述自己的创伤，讲述多少，讲述哪些内容，可以让一个人创建自己的康复治疗模式。没有人比实际受到创伤的人更清楚，适度地重访创伤记忆有怎样的意义。对于那个杂货店里的小男孩来说，他只需要几秒钟时间。

我们已经谈了很多会造成敏感化的应激激活模式，它们在本质上是与复原力相反的。但是，如果我们以可控制的和可预见的方式来激活创伤记忆和应激反应系统，我们就可以开始疗愈已经敏感化的神经系统。当每天有几十个治疗时刻能够让受创伤者把握、重访和重塑他们的创伤经历，治疗就会产生效果。

当你的生活中有朋友、家人和其他健康的人，你就有了一个天然的疗愈环境。我们在团体中的疗愈效果是最好的。创建一个网络——或者说一个村落，不管你怎么称呼它——让你有机会以适度的、可控的“剂量”重新审视创伤。这种应激激活的模式最终会形成调节状态更为良好的应激反应曲线（见第三章，图五）。应激反应敏感的受创伤者可以变成神经典型者（neurotypical）——不再过于敏感，过于脆弱，并且可以最终发展出复原力。

从“创伤”到“神经典型”再到“复原力”的过程，有助于创造一种独特的力量和视角，可以产生创伤后的智慧。

几千年以来，人类一直生活在小型的代际群体中。那时没有心理健康诊所，却有很多创伤存在。我估计我们的许多祖先都有创伤后的症状：焦虑、抑郁、睡眠障碍。但我也相信，他们得到了疗愈。如果我们大多数受到创伤的祖先都失去了正常运行的能力，我们这个物种就不可能生存下去。传统治疗的支柱是：（1）与部族和自然界的连接；（2）通过舞蹈、击鼓和唱歌来获得节律调节；（3）一套信仰、价值观和故事，为无意义的、随机的创伤带来意义；（4）有时，在心理治疗师或长老的指导下，使用天然致幻剂或其他从植物中提取的药物来帮助治疗。

我们今天的创伤治疗的最佳手段基本上仍然是这四种方法的变体。遗憾的是，很少有现代方法能良好地使用所有这四个选项。我们的医疗模式过度关注精神药物学（4）和认知行为方法（3），却大大低估了关系（1）和节律（2）的力量。

我曾经治疗过一个名叫艾丽的四岁女孩。她亲眼看到她的母亲被她父亲杀死，她父亲随后也自杀了。艾丽有一个关系非常紧密的大家族，在经历过失去父母的创伤后，她搬到了她的一个姑姑家。她的家族中至少有三十个堂兄弟姐妹、姑姑、叔叔，还有她的祖父母。他们总是在一起过生日、节日和举行各种家庭活动。艾丽还积极参加教会活动和体育运动。她上的小学也为她提供了很多支持，学校的老师对“创伤敏感”有着正确的认知。我们的一部分工作就是对她生活中的成年人——包括她的老师们——进行关于创伤的教育。在艾丽被发现后的最初几个星期，我们每周会和她见三次面。一个月以后减少为一周见一面。一年后，我们只需要每个月见她一次。六个月后，我们告诉她的姑姑，如果有任何问题或困难，尽管联系我们。我最后听到的关于艾丽的消息是，她在中学被选为班长，在学校表现非常好。她和她的姑姑都告诉我，她没有再出现什么问题。当然，她偶尔也有悲伤的时候，但艾丽是一个积极、快乐、有活力的女孩。伤痕依然存在，但她经受住了考验。她很聪明，发展出了自己的创伤后的智慧。

● 奥普拉：创伤后的智慧。我喜欢这个说法。艾丽的经历有了一个积极的结果。所以这应该是一个孩子复原力强的例子？

○ 佩里医生：当然。但这不是因为她天生就有复原的力量。艾丽之所以能够在悲剧面前表现出复原力，是因为她生命早期那些充满爱的关系的质量。复原力是一种可以出现起伏的能力，而不是一种永久的、与生俱来的特性。如果艾丽没有一个安全、稳定、充满关爱的家庭，没有一个善解人意的老师，没有坚定的信仰，她恢复原状的能力很快就会耗尽。她的疗愈能力和持续复原的能力与一直存在的安全和稳定的关系有关。通过这些关系，她可以“理解”恐怖，并将其置于她的信仰背景中。即使是看起来最有复原力的人也会因为关系缺失、持续不断的压力、痛苦以及创伤而最终被耗尽力量。

● 奥普拉：艾丽的故事，以及你对几千年来代际氏族的疗愈力量的描述，让我想起我在密西西比州科修斯科的童年，那时教会就是我们生活的中心。每个星期天我都会去教堂上主日学校的课程，然后在十一点做礼拜。我们回家后，外祖母会忙着做饭，三点钟时，我们回到教堂做另一个礼拜，然后在五六点钟时参加浸信会训导。周三晚上，我们会去参加祷告会和唱诗班的排练。三岁半的时候，我就在会众面前发言。我在红土路边的那座白色小教堂里度过的时光，无疑为我的人生奠定了精神基础。

后来，我和父亲住在纳什维尔时，我接受了在巴尔的摩一家电视台当记者的工作。当我准备离开家和我熟悉的生活时，父亲给我的建议是“找到教会，把它当成家”。那时我认为父亲是想确保我坚持信仰。但现在回过头来看，当我们谈论关系的疗愈力量时，我意识到父亲不仅仅是希望我找到一个做礼拜的场所——他想让我找到一个团体，在一座新的城市里找到真正的、持久的关系。

在那些日子里，教会就是我的一切：我的顾问、我的养育者、我的安慰者、我的庇护所。没有人提出要去做心理治疗。如果你需要帮助，就去找教会。就像我说的，我们一起“经受考验”。教会就是你的家，能够确保你有一个吃主日大餐的地方。当你生病时，会有人来看望你。当你没能力赚钱养家的时候，会有人为你发起募捐。

我们甚至能够在教堂中找到疗愈的节律。那里的音乐将我们连接在一起，让我们得到升华。

对于许多人来说，教会和他们没有关系，但所有人都需要能够倾听他们、陪伴他们的人，需要被别人听见和看见。通过我们的交谈，我发现疗愈创伤的一个关键是找到你的“教会之家”——找到你的同伴，你的团体。这可以帮助你建立复原力，在创伤后得到疗愈，最终拥有创伤后的智慧，变得更加明智。

○ 佩里医生：如果没有遭遇过现实生活中的艰难，就不可能成为真正的智者。历劫之后，我们才能发展出创伤后的智慧。最重要的是，就像你提到的，我们必须共同经受考验。

● 奥普拉：我们的社会关系帮助我们建立复原力，复原力帮助我们产生创伤后的智慧。这种智慧带来希望。这是受创伤者的希望，也是见证和参与疗愈的人们的希望，是一个团体中全部成员的希望。

○ 佩里医生：正是这样。一个积极向上的团体就是一个有疗愈力的团体，而一个有疗愈力的团体是充满希望的。因为它帮助了它的成员经受考验——生存下来，健康成长。

大概三十年前，我第一次看到一个有疗愈力量的团体是如何发挥作用的。那次经历完全改变了我对治疗方式的看法。我开始了解到，大多数心理治疗的体验都是在正式治疗之外产生的，大多数疗愈都发生在团体中。

1993年2月，烟酒枪支爆炸物管理局（ATF）试图突袭大卫·考雷什在得克萨斯州韦科的大卫教派基地。四名ATF成员和六名大卫教徒在战斗中被杀。在接下来的三天里，联邦调查局通过谈判让大卫教派基地内的二十一名儿童得到释放。随后，释放无辜者的行动停止，接下来是为期五十一天的对峙。最终，联邦调查局的袭击导致大卫教派成员点起大火，造成七十六名大卫教派成员死亡，其中包括剩余的二十五名儿童。

在ATF最初发动突袭几天后，得克萨斯州的官员要求我带领一个临床小组去照顾被释放的大卫教儿童。他们都被安置在韦科卫理公会的一幢大平房里，年龄从三岁到十三岁不等，有男孩也有女孩。他们都目睹了长达数小时的交火，见证了自己团体成员的死亡。而且他们都与家人分离，被交给完全陌生的人——通常是一身特警装备的联邦调查局武装人员。

在我们接手这些孩子之前的几天里，他们经历了非常混乱的状况。对他们而言，每一天都是不可预见的，每个孩子都会与数十个陌生人打交道，其中一些人还携带了武器。在这些孩子的成长过程中，他们被灌输了这样的信念：所有非大卫教徒都是异教徒。这些异教徒要摧毁大卫·考雷什以及他的所有追随者。这些孩子刚刚被迫离开他们熟知的环境，因此他们认为现在照顾他们的人会杀死他们。总而言之，这是一群受到严重创伤的儿童。

在我们和这些孩子相处的最初几天里，孩子们表现出各种急性创伤后的影响。例如，他们的平均静息心率为132次/分，而正常情况下这个数值应该低于90。对这些孩子进行治疗是有一定压力的。我知道，与情绪失调的儿童交谈不会有效果。我觉得我们的首要任务应该是为他们的生活带来秩序和可预见性。

我们首先要做的是让不可控制和不可预见的事情变得更加可控和可预见。我为孩子们限制了不必要的接触——他们身边不再出现新的成年人。我们在早上举行小组会议，计划这一天的各种活动，并在晚上回顾一天的情况。在会议上，孩子们有机会提出问题。我们每天在同一时间游戏、休息和吃饭。我们给了孩子们多种选择——他们可以选择吃什么、玩什么，以及如何度过休息时间。

每天孩子们睡觉后，我们的小组都会开会。我们会讨论每一个孩子，并要求与这个孩子有过互动的小组成员进行情况描述。我把这些简短的互动记录填写在一张电子表格上，每小时记一次。我记下了许多短暂的治疗时刻。一个孩子问："你觉得我妈妈会怎么样？"听到一句让人安心的答复后，他就回去玩了。孩子们会自己掌握什么时候说以及怎么说他们经历的创伤事件。他们在寻求安全、稳定和能够实现生理调节的互动，比如"推我荡秋千""我们来画画"，当我把这些互动汇总起来，我看到尽管没有正式的治疗过程，孩子们却每天都有总共超过两个小时的治疗性互动。在与我们小组共处的三个星期结束时，孩子们的调节状态更加稳定，整体心率已降至100次/分，进入正常范围。他们也更加愿意与人互动和交谈，在治疗性互动中有了更多语言交流。

我最重要的一个观察结果是，这些孩子在不同时间需要不同类型的治疗性互动。他们甚至比我们更清楚这一点。如果孩子们想要安静而且有抚育效果的互动，就会去找我们的一个工作人员。他是一个非常好的倾听者，能够安静地坐着，一言不发——这对大多数成年人来说并不容易。他们想玩的时候，会找我们小组中更年轻、更活泼的成员。当他们想从一个权威人物那里得到安抚时，他们会来找我。我们每个人都有一套独特的个性特征，在特定的时刻，我们的特定力量可能正是某个孩子所需要的。单独一个人或一个心理治疗师不可能为所有的孩子做所有的事情，因为他们处于不同的发展阶段、不同的调节状态。我们在韦科的临床实践提醒我，发展的多样性对儿童至关重要。

想想过去一个多家庭、多代同堂的大家族的多样性。在孩子成长的过程中，有许多成年人和年龄更大的孩子生活在他身边。他们可以成为他的榜样、老师、养育者、管理者和照顾者。家族里的每个人都有自己独特的力量——合适的人出现在合适的时间。单独一个人不可能为发展中的孩子提供所有情感、社交、身体和认知上的需求。

这与我们现在的世界截然不同。我们的社会期望一个有工作的单身母亲能够和她八岁的孩子一起打棒球，哄新生儿睡觉，给三岁的孩子读书，顺便做一顿有营养的饭菜，还要辅导孩子做家庭作业，洗衣服，把每个孩子都哄上床睡觉；第二天早早醒来，为他们做好上学的准备，送他们去幼儿园和学校，然后她要赶着去工作一整天，再赶回家重复这一切。一切都只有她一个人。

● 奥普拉：她需要帮助，需要有人支持她，让她能休息一下，为她分担一些照顾孩子的事情。我们不应该各自为战，而是应该互相合作。当一个单身母亲靠有限的收入维持生活，照顾四个孩子，尽力做好母亲又做好父亲，她会感到不堪重负，觉得不可能做到这一切——因为这的确是不可能的。

○ 佩里医生：这是我们的社会极为不合理的期望。在这个星球的历史上，没有其他任何社会曾要求一个成年人独自满足多个孩子的身体、社交、情感和物质需求。

● 奥普拉：我们不应该孤身一人抚养孩子。

○ 佩里医生：绝对不应该。我们应该在我们的“部落”——我们的团体中的许多成年人之间分配养育工作。在一个典型的狩猎采集部落中，每一个六岁以下的孩子都由四个处于成熟发展阶段的人照料，他们可以给孩子做榜样，管教、培养和指导孩子。这个比例是4：1，每个六岁以下的孩子对应四个已经成熟的照顾者。而我们现在却认为，一个照顾者对应四个幼儿（1：4）也绰绰有余。孩子正在发育中的大脑，只被满足了1/16的关系需求。这就造成了关系贫困。

● 奥普拉：你的话让我替所有单身父母难过，他们每天都如此忙碌，身心俱疲，不能好好照顾自己。这也让我对我的母亲有了不同的看法。她已经尽了最大的努力，但常常因为太过疲惫而无法做到更好。

○ 佩里医生：单身父母，就像你的母亲一样，往往会感觉自己是不称职的，他们认为自己有问题，做得不够好，是不合格的父母。实际上，有问题的是这个社会。

今天，与团体的紧密连接和几千年前一样重要。现代社会的悲剧是，这样的团体越来越难以找到。不是每个人都有像盖尔这样的朋友。很少有人积极加入宗教团体。不是每个人都觉得自己有归属感。而一个人的社会孤立程度与他出现身体和精神健康问题的风险之间存在着直接的联系。

而当你拥有与他人的连接，拥有你的“教会之家”时，你就有了一种内在的缓冲，可以帮助你抵御你所遭遇的任何压力和逆境。

● 奥普拉：我们的确要有团体归属感，这样我们才是充实的。但在当今社会已经很难实现了。

○ 佩里医生：想象一下，你的年度考核评分很差，你的上司给了你一些负面的反馈。你感到非常沮丧。你一直在想这个问题，一次又一次地反复琢磨。你回到工位上，和你的一个同事说：“你能相信他说的吗？我觉得我真不是他说的那样！”你的同事听了之后，安抚你说：“是，你根本不是那样的。他就是在胡说八道。”你心里舒服了一些。然后你打电话给另一位同事，又跟他讲了一遍。然后你又回家和你的家人说起这件事。

到现在为止，你已经进行了三次、四次或五次合适“剂量”的治疗，你在自己掌握何时说和怎么说的前提下，找人倾诉上司那个让你感到沮丧的反馈。当你的想法被倾听时，你就能够调节自己，让自己安下心来。第二天，你感觉好多了。你设置了一个可控的、适度的模式，来回顾复述那个让人沮丧的反馈，而这改变了你对它的反应。于是它不再那么令人沮丧了。最初你是失调的，你关闭了头脑中理性的部分，扭曲了上司给你的反馈，放大了负面因素。但现在你可以更理性地对上司的反馈做出反思，也许能从他的反馈中看到一些事实。如果你不通过关系互动来重新讨论这件事并调节自己，你就不可能做到这一点。

当我们有了一个团体，我们就可以做这样的适度剂量治疗，来调节我们所有紧张和痛苦的经历，让我们可以构建和展现复原力。

我们一直都在这样做。但是想象一下，如果一个人没有这种人际连接帮他进行调节，那会怎样？对于一个关系贫困的人，这些压力体验在他的大脑中会因为回声室效应[1]而放大。压力变成痛苦。而痛苦的体验会让神经变得敏感，导致与创伤一样的生理和心理影响。

这就是我们现代社会面临的挑战。我们的社会如此动荡、如此封闭、如此隔绝，我们如何创建团体？这是创造健康未来的一个重大挑战。我们如何才能确保人与人之间的连接，以及每个人的安全感和归属感？

1 回声室效应，指网络技术在带来便捷的同时，也在无形中给人们打造出一个封闭的、高度同质化的“回声室”。研究者将这种效应归纳为：在网络空间内，人们经常接触相对同质化的人群和信息，听到相似的评论，倾向于将其当作真相和真理，不知不觉中窄化自己的眼界和理解，走向故步自封甚至极端偏执。——编者注

第八章

我们的大脑，我们的偏见，我们的社会系统

大多数人在挖掘自身行为产生原因的过程中，都会在某些时候遇到阻力——“你把责任都推给了过去。”“别拿过去当借口。”

这么说没有错。你的过去的确不是今天行为的借口，但它是一个解释，为我们很多人问自己的问题提供了一种洞察：“我为什么会这么做？为什么我会有这样的感觉？”我们的优势、缺陷和独特的反应，毫无疑问都是我们过往经历的一种表达。

● 2015年，我在我的节目《超级灵魂周日》(*Super Soul Sunday*)中采访了一个名叫沙卡·桑戈尔的人。沙卡在十九岁的时候被判二级谋杀罪。他在监狱中服刑十九年，包括七年的单独监禁。在刚开始服刑的时候，沙卡是充满愤怒和暴力的。他很快陷入了一种自暴自弃的状态，不想为回归外部世界做任何准备。但在入狱六年后，情况发生了变化，沙卡开始转变。在他三平方米的牢房里，他开始冥想、阅读、写日记，并写下了最终成为畅销书的回忆录《沙卡的救赎》(*Writing My Wrongs*)。

当我第一次看到沙卡书封上的照片时，我有些疑惑：这个文着文身、留着脏辫的杀人犯能教我些什么呢？

我们的交谈是我经历过的最好的一次交谈。

在我们两个半小时的相处过程中，随着他的故事不断展开，我的理解也在不断加深——什么是功亏一篑，什么是误入歧途，以及“被环境塑造”的真正含义又是什么。

沙卡原名詹姆斯·怀特，在底特律的一个中产阶级家庭长大。他的父亲是空军预备役成员，为密歇根州政府工作。他的母亲留在家里照顾詹姆斯和他的五个兄弟姐妹。小时候，詹姆斯是一名优等生。他的梦想是成为一名医生。

从表面看，怀特一家就是理想的美国家庭。但沙卡说，从他记事起就感觉他的母亲脾气非常暴躁，并且会把她的怒气发泄在孩子身上。

“你在成长过程中感受过被爱吗？”我问他。

“我经常听到有人对我说：‘我这样做是因为爱你’。”沙卡回答道，“但这种爱就是鞭打或惩罚。”听到这里我立刻和他产生了共鸣。

沙卡回忆他九岁的时候，有一天从学校回家。他刚刚在考试中得到一个A+，心情特别激动，希望和母亲分享他的喜悦。但母亲只是用力地将一口锅向他扔过来，他身后厨房墙面的瓷砖都被砸成了碎片。

我问沙卡，有没有搞清楚他的母亲是因为什么心烦意乱。

沙卡说：“我从来都不知道。我母亲经常这样心烦意乱。”

听着沙卡的讲述，我为他和成千上万个童年时有同样遭遇的人感到心碎。他们在年幼时都经历过这种令人心理麻木的恐惧。可悲的不仅仅是当时的恐惧，而是他们从此学会了掩盖情绪，接受现实。

除了母亲的身体虐待外，沙卡说他父母最后五年的婚姻也非常不稳定，给他造成很大困扰。他为他们的分手悲痛，又为他们的复合欣喜，如此反反复复。当他们终于离婚时，沙卡已经厌倦透了被他最爱的人一次次背叛。他说从那时起和父母有了情感隔阂，开始和街头少年混在一起，出现不良行为：打架，逃学，离家出走。

沙卡的故事最让我震惊的是，在他从优秀学生到街头少年的变化过程中，从没有人问他一句：“你经历了什么？你为什么要这样做？”似乎没有一个成年人注意到或关心这个男孩已经完全迷失了方向。

十四岁时，沙卡开始贩卖毒品，闯入私人住宅，并在商店行窃。

十七岁被枪击后，他开始随身带枪。在他所处的文化环境中，一个年轻人的价值是由拥有金钱、关注和恶名来定义的。

“在那个环境里，我感觉自己被认可了。”沙卡告诉我，“我身边都是些和我一样心灵破碎又脆弱的年轻男性。我们因为各自的破碎而团结在一起。我想这就是支持，这就是爱，意味着‘无论发生什么事，我都是你坚强的后盾’。”

我问他：“可是你小时候很聪明，很想要成为医生啊，为什么你想当医生？”

他停顿了大约二十三秒，从电视播出角度来看，这是一段漫长得接近永恒的停顿。我能感觉到，他以前从没有认真想过这件事。“我母亲带我去看医生的时候，总是很温和。”他终于开口说道。然后他又停顿了一下，眼睛里涌出泪水，“我想，我只是想象着，如果我成为医生，她也会对我很温和。”一个年轻人，被抚养他长大的人冷漠对待，他深受困扰，一心寻求母亲的认可和爱——在那一刻，我们两个都因为认识到了这一点而深受触动。

沙卡十九岁的时候遇到了人生危机。一天晚上，在结束派对回家的路上，他和一个名叫戴维的人发生争吵。争执中，沙卡掏出枪，扣动扳机，打死了戴维。

在监狱里，沙卡发现这个环境他是如此熟悉，这是个暴力和统治横行的地方。他多次被单独监禁，原因包括袭击狱警和企图越狱。

最终让他崩溃的是他儿子的一封信。

“亲爱的爸爸，”信中写道，“妈妈告诉我，你因谋杀而入狱。亲爱的爸爸，不要再杀人了。上帝在看着你做的事。向他祷告吧，他会原谅你的罪过。”

“就是这段话给我带来极大的冲击，”沙卡告诉我，“我想，我不能把遗憾和破碎作为遗产留给儿子。就在那一刻，我决定永远不再回到黑暗中去，我必须找到我的光明。为了我儿子，我也要找到我的光明，这是我欠他的。”

沙卡2010年出狱后，一直是刑事司法改革的积极倡导者。他在全国各地给年轻人演讲，分享他的故事，并鼓励年轻人远离自甘堕落的生活。他曾在密歇根大学授课，是麻省理工学院媒体实验室的研究员。他一切工作的核心就是让人们相信，你过往的错误不能定义你的余生，任何人都有可能得到救赎。

大多数人在挖掘自身行为产生原因的过程中，都会在某些时候遇到阻力——“你把责任都推给了过去。”“别拿过去当借口。”

这么说没有错。你的过去的确不是今天的行为的借口。但它是一个解释，为我们很多人问自己的问题提供了一种洞察：“我为什么会这么做？为什么我会有这样的感觉？”对我来说，我们的优势、缺陷和独特的反应，毫无疑问都是我们过往经历的一种表达。

“你经历了什么”通常需要许多年时间才能呈现。我们需要勇气来面对我们的行为，剥开我们生活中的层层创伤，让过去的真相暴露出来。这才是疗愈的开始。

——奥普拉

● 奥普拉：三十多年前，当我们第一次开始讨论创伤时，还没有多少人意识到它对生活诸多方面的影响。现在情况有改变吗？看看学校、卫生保健系统、刑事司法系统——可以说，在我们能看到的所有地方，都有受创伤影响的人，他们至今仍然被误解，那些本应帮助他们的系统有时甚至给他们带来二次创伤。

○ 佩里医生：这的确是令人痛心的事实。改变人需要很长的时间，而改变系统需要更长的时间。不过，我还是乐观的。许多积极的变化正在出现。正有越来越多的人意识到创伤是多么普遍。越来越多的人了解到，创伤会影响我们的健康。但我们确实还有很长的路要走，我们需要更多的专业人士和组织改变他们“解决问题”的做法，真正着力于减轻创伤造成的影响。

● 奥普拉：你说的是创伤知情护理吗？

○ 佩里医生：是，也不是。你知道的，我不喜欢用这个术语。我印象很深的是，现在有许多地方都在尝试实行创伤知情护理。但我认为这个说法反而会对这方面的进展造成阻碍。让我来解释一下原因。

正如我们一直在讨论的，创伤的复杂性影响着我们所有的社会系统，从母婴健康到儿童福利，再到教育、执法、心理健康，等等。每一个社会系统都是一个独立世界，有自己的专业人士，自己的做事风格，自己的行业语言。我们已经讨论过个人如何发展出自己独特的世界观，可以说，社会系统和组织也同样如此，他们都会发展出自己占主导地位的观点。过去这些观点大多不包括对大脑发育、压力和创伤的着重理解，对于可能导致痛苦和创伤的相互关联的问题，如隐性偏见、种族主义和厌女症等也没有足够的重视。但随着关于这些领域和问题的大量新研究出现，我们的社会系统显然不能再继续忽视它们。只是当每个社会系统都在思考“创伤知情”的定义时，他们还是在从自己的特定视角、自己的世界观出发。

这就导致给这个术语下定义成了一种挑战。就像“创伤”这个词一样，它被许多不同的人和群体以多种不同的方式使用，真要厘清这个问题需要一些时间。

“创伤知情护理”这个术语出现于2001年，是为了帮助心理健康和儿童福利系统认识到，在他们所服务的人们的生活中，创伤是一个非常重要却又遭到误解的因素。

随着时间的推移，许多团体都开始使用这个术语，但它依然定义模糊。一些组织会举办连续三小时的研讨会，并宣布自己是创伤知情组织；一些城市也借此宣传；甚至一些国家也力争成为第一个关注创伤知情的国家。所有这些都令人感到困惑：到底什么才算是“创伤知情”？与此相关的流行语比比皆是，但很少涉及具体的实施、计划和服务，还有项目和政策的变化。创伤知情护理的培训成了一种产业，数以百计的组织和“专家”会收取费用，帮助个人和组织学习创伤知情护理。但你可以想见，这种培训的质量非常不稳定。

为了应对这种混乱的局面，许多国家、州、专业组织、跨学科委员会和专业团队都在努力定义和实施创伤知情护理。遗憾的是，这些缺乏交流的努力反而使情况变得更加复杂。正如一个委员会得出的结论：“尽管在这一领域开展了多年的工作，但对创伤知情护理并没有一个普遍的定义。”

现在社会上已经出现了几十个主要版本的与创伤有关的关键词：“要素”、“原则”、“支柱”、“成分”、“假设”、“组成部分”、“领域”和“指导方针”等。虽然其中有一些一致的概念，但各种差异仍令人晕头转向。

其结果就是，当别人使用“创伤知情护理”这个术语的时候，你永远不会知道他说的是哪个版本。这就是为什么当我谈到创伤实践、方案或政策时，我总是试图描述具体的概念、内容和宗旨，而不是简单地使用“创伤知情护理”这个术语。

虽然仍有不足，但我认为这些努力确实很重要，而且我们正在取得进展。所有这些组织都在讲授创伤知识，倡导提高公众意识，并支持更多的研究，希望对创伤有更多了解。还有许多组织在评估和推广有前景的干预措施：1989年，国家创伤后应激障碍中心（National Center for PTSD）在退役军人事务部（United States Department of Veterans Affairs）成立，它的任务是研究创伤和支持受创伤影响的退役军人——主要是与战争有关的创伤；2000年，国家儿童创伤应激中心（National Center for Child Traumatic Stress）成立；2018年，疾病控制与预防中心、物质滥用和精神健康服务管理局专门研究创伤的部门提出了他们的创伤知情护理的七项原则。我想，随着这个领域的发展，这些原则也会继续得到完善。

我们很容易忘记创伤学——对创伤的研究——出现的时间并不长。而发展性创伤学作为一门学科甚至更年轻。现在，各种社会组织和系统刚刚开始解决我们在本书中所讨论的这些问题。他们必须采取行动，因为创伤已经渗透到了我们生活的各个方面。它的影响回响在几代人之间，跨越家庭、社区、机构、文化和社会，而且形式多样，情况复杂。创伤可以影响我们的基因、白细胞、心脏、肠道、肺部和大脑，影响我们的思维、感觉、行为、育儿、教学、培训、消费、创新、政策法规的制定，以及司法系统中的逮捕和判刑……太多了，可以一直说下去。

因此，基于你的观点，也就是世界观，以及你个人的创伤历史，会形成你独特版本的对创伤知情的认知。

● 奥普拉：但在本质上，创伤知情就是在对待他人时要意识到，他“经历了什么”很重要，这影响着他的行为和健康。然后我们就要以这种意识采取相应的行动，做出适当的反应——无论是家长、老师、朋友，还是心理治疗师、医生、警察、法官。

○ 佩里医生：是的，正是这样。你的话简明扼要，抓住了创伤知情的本质。“采取相应的行动”这一点非常重要。一方面要意识到创伤会导致某些行为和问题，同时还要知道，我们现在该做什么。

如何在我们的社会系统内创造疗愈的机会？怎样才能避免反复制造不可预见、不可控制的压力，避免加剧创伤的影响？很多人会受到二次创伤，是因为我们在无意中把他们边缘化了，并以非人性化的方式对待他们，如何避免这种情况的发生，这是我们要解决的主要问题。

我相信，如果你没有意识到自己的内在偏见和你所在的社会系统的结构性偏见——关于种族、性别、性取向的种种偏见——你就不可能真正做到创伤知情。被边缘化的人——被排斥、贬低、羞辱的人——都会因此遭受创伤，因为正如我们所讨论的，人类从根本上说是关系动物。在你所处的组织、团体或社会中被排斥或被羞辱，会导致长期的、不可控制的压力，从而使人的神经系统敏感化（见第二章，图三）。被边缘化是一种根本性的创伤。

这就是为什么我认为，一个真正创伤知情的社会系统一定是一个反种族主义的系统。种族边缘化的破坏性影响是普遍而严重的。例如，在北美、澳大利亚和新西兰，黑人、棕色人种和原住民儿童更有可能在心理健康机构内被过度诊断和用药，被从家里带走、送入儿童福利机构，被学校停学或开除，在学校被指控旷课和袭击他人，导致少年犯罪的比例大大提高。

正如我们所谈到的，有创伤经历的孩子往往会在学习上遇到困难，并且当他们在学校陷入困境时，对于别人的反馈和批评又会有过度反应。这可能导致行为问题，而这些行为常常会被误解。人和社会系统出于善意所做的许多事情，实际上却给他们本应提供帮助的家庭和孩子带来了更多的痛苦。

● 奥普拉：这正是我想深入讨论的事情。在我们的《60分钟》节目中，我意识到，今天许多试图解决社会问题的慈善机构和非营利组织实际上只解决了表面问题。他们试图提供社区支持——我们知道这很重要，但许多人只是想要解决问题，却忽略了这些问题产生的原因，这相当于我们想搭建脚手架，却连基础都没打好。

如果我们的课外教育计划（after-school program）[1]不了解为什

1 美国青少年课后生活的家长缺席现象愈发严重，使得他们面临空前的成长危机。为此，美国教育部门推出中小学课外教育计划，旨在保障学生的学业进步、安全和健康。计划的主要形式包括日间看护项目、21世纪社区学习中心以及其他种类的活动。——编者注么一个孩子有慢性健康问题或跟不上学校的进度，如果我们的就业指导计划没有弄清楚为什么有人与上司相处不愉快或总是对人发火，那么这些计划就无法带来持久的改变。我们来分析一下这些问题是如何发展和呈现的。

○ 佩里医生：让我们从幼儿开始说起。我们已经多次谈到生命早期的关系会影响到应激反应系统的发展和建立未来健康关系的能力。我们知道，儿童经历过的痛苦和创伤，包括贫困、无家可归、家庭暴力、虐待，它们都会对发展造成一些干扰，其结果通常是特定技能的成熟出现分裂化的情况。正如我们在第六章中谈到的关于忽视的问题。因此，一个五岁的孩子可能只发展出典型的两岁儿童的语言技能和典型的四岁儿童的自我调节能力。伴随着这种分裂化的发展，这个孩子还会有过度活跃和过度强烈的应激反应（见第二章的图三和第三章的图五）。

现在设想一下，这个孩子进入学前教育环境，这里的教育目标、环境、学习规则和课程都是为典型的五岁儿童设计的，并且这里是一个不了解孩子发展情况、没有创伤意识的环境，只会期待这个孩子有典型的五岁儿童的“表现”。但对于这个孩子来说，这是不可能的。这个孩子在这种环境中将会沟通困难（由于语言能力问题），产生强烈的挫折感（由于自我调节问题）。在这种无从逃避的痛苦中，他会关闭自己或彻底爆发。无论哪种方式，都无法让他从社会情感学习和知识学习中充分获益。他会越来越落后，甚至有可能被开除。在学前班被开除的孩子比其他年级都多。有色人种的孩子，特别是有色人种的男孩，被开除的比例又比白人孩子高三倍。

这是孩子的能力与教育系统不切实际的期望之间的不匹配造成

伤害的开始。这样的教育系统往往资源不足，不了解孩子的发展情况，对孩子的创伤也毫不知情。即使孩子勉强前进到下一个年级，他仍然是落后的，这使得他注定要失败。年复一年，他的落后程度会越来越严重。他在技能发展方面的延迟，加上他与创伤有关的症状，会开始让他被贴上心理问题的标签（见第三章，图六）。他因为敏感的应激反应而产生的过度警觉会被当成注意缺陷多动障碍；他为自我调节而做出的努力，比如晃动身体、嚼口香糖、涂鸦、做白日梦、听音乐、敲击铅笔等行为都会被禁止。他会被认为有问题，被迫吃药，被排斥，被惩罚，也许还会被开除，发展到后来甚至会被逮捕。他试图逃避学校的持续羞辱，却因此被指控逃学；他试图逃跑而学校工作人员试图阻止他时，因为受到控制而发生的反抗会导致这个孩子被指控攻击他人。这就是从校园到监狱的输送管道（school-to-prison pipeline）。

● 奥普拉：更糟糕的是，这个学生很可能不知道，他的困境有潜在的根本原因。他最终接受了世界对他的评判：他是愚蠢的、迟钝的，或者是懒惰的。这是一个失败的循环，会削弱学生的自尊心，让他最后因气馁或羞愧而自暴自弃。

○ 佩里医生：这个观点非常重要。一个正在困境中挣扎的孩子不会说："这个不称职的老师根本不了解大脑功能的状态依赖，也不知道创伤正在影响我的学习能力。他应该帮助我进行调节，而不是对我进行错误的指责。"孩子只会说："我一定是个笨蛋。"

关于学校的另一个重点是，有多少儿童和青少年在学校中的学习和行为问题与创伤有关。这不仅仅是几个孩子的问题。研究表明，公立学校中30%至50%的儿童有过三次或更多的童年逆境经历。正如我们已经讨论过的，这些经历都会对孩子产生影响。

想象一下，有多少孩子在上学的时候，他们的创伤记忆可能会被教室里某个本来毫无关系的线索触发。请记住，我们当下所经历的一切，在到达大脑皮质之前，都要经过大脑低层级的过滤。所有当下这一刻的感觉输入都会与以前的经验记忆相比较，并受其影响，在到达理性的思考区域之前，首先要在大脑更容易起化学反应的低层级进行处理。

比方说，一个年龄较大的孩子是在偶尔发生家庭暴力的环境中长大的。如果他小时候看到父亲贬低和殴打母亲——此时正是他大脑发育的一个重要时期，他正在制造基本的记忆来理解他的世界。他的大脑开始将男人的属性与威胁联系起来。一个响亮的、低沉的、男性化的声音在他的意识中开始和恐惧产生关联。

在这些关联和记忆产生的五年后，这个年轻的学生遇到一个男性英语老师，恰好长得有点像他虐待成性的父亲——差不多的身高，同样的头发颜色，同样低沉的声音。这个男孩并不能有意识地建立起这种联系，但仅仅是坐在教室里，他就会觉得很不舒服。这起源于比大脑皮质层级更低的脑区，来源于他的潜意识。还记得塞缪尔吗？那个父亲会使用老香料止汗露的男孩？当一个人被某个唤醒线索激活时，他很少会意识到这一点。

● 奥普拉：由于他没有意识到这种关联——他的经历会影响他的关系——他可能会一直与他生活中的男性关系恶劣，会一直破坏他与其他男性的关系。这些男性可能是教练、老师或其他本可以成为他的积极榜样的人，但他不自觉地避开或拒绝了这些机会。

○ 佩里医生：这就像你没有意识到为什么你害怕在晚上独处，没有意识到这与你在生命早期所做的认知连接有关系。我们的行为是围绕着过去的创伤所留下的情感地雷开始塑造的。

但请记住，大脑总是试图理解世界，所以这个男孩会努力寻求理由。他会想也许是因为自己不喜欢英语，又或许是因为老师不喜欢他，老师是个浑蛋。老师却完全不知道他的这些想法。我们可以想象这名学生正在努力完成一份写作作业，老师过来想要帮助他，并且相信自己的帮助是有积极意义的。当他弯腰看作业时，他的手放在了男孩的肩膀上。而男孩不但没有平静下来，反而表现出恐惧，甚至没有思考就做出了激烈的反应。

男孩的低层脑区立即说“危险，危险”，并激活应激反应系统，迅速关闭大脑皮质。所以男孩没有机会做出合理、理性的反应。

一段时间以后，如果你和这个男孩谈起他当时的反应，对他说“你不应该那样对老师”，他会说“我知道，这样不好”。但在那一刻，他的确不具备理性思考能力。你对创伤和应激反应了解得越多，就越容易理解你在工作场所、学校或人际关系中见到的某些行为。

● 奥普拉：他的大脑被他过去暴力经历的神经连接触发，发出威胁的信号，所以他的反应是战斗或逃跑：“把你的手拿开！”

○ 佩里医生：甚至有可能是“把你该死的手拿开”这种暴躁、冲动的发泄方式，让老师完全摸不着头脑，不明白到底发生了什么。当老师向别人描述这一幕时，他会说：“他无缘无故就冲我发作。”对于触发性线索引起的爆发行为，这是最常见的一种描述：突如其来。无法预料。这些行为似乎是无缘无故的。

● 奥普拉：我刚刚又灵光一闪。当我们不知道突然爆发的怒火是怎么回事，或者某人为什么会有激烈的反应时，我们经常使用“突如其来”这个词。那么，现在我们知道了：是当前发生的一些事情触发了大脑中的一个创伤记忆。大脑的低层级、非理性的部分会首先做出反应，立刻启动应激反应系统，关闭大脑的理性部分。因此，这种暴力的“爆发”实际上是大脑中一些高度组织化过程的结果。而出现这种情况时，学校却首先会说：“他出了什么问题？”

老师现在确信这个孩子出了问题，就把他报告给校长办公室。而他实际上应该问的是：“这个孩子经历了什么？”

○ 佩里医生：没错。这个孩子将被视作问题儿童。如果这种情况继续下去，他就会被送去见学校的辅导员，然后被停学，被送到心理健康机构。如果心理健康机构中没有人理解他的行为问题与他“经历了什么”有关——与他的创伤有关——那么他们会采取一整套意图良好却没有效果的干预措施。

另一方面，如果这所学校有资源和工具，帮助教师了解儿童逆境经历的普遍性和创伤对儿童学习的影响，再使用一些策略，让儿童感到教室是一个有助于自我调节的、安全可靠的地方，那么他们对于儿童行为的看法将会有很大改观。学校将不会让这个孩子停学，也不会给他贴上“问题儿童”的标签，而是会开启这样一个过程——尝试与他连接，理解他。

● 奥普拉：但只有当你问对了问题的时候，这样的过程才会开始——“我想知道这个孩子经历了什么？”

○ 佩里医生：是的，你首先要改变理解那些行为的方式。好消息是，只要学校切实了解创伤的影响，并在评估、支持和教学方面做出一些简单的改变，孩子们的学习成绩就会有极大的提高，冲突和破坏行为也将减少。如果在课堂上使用调节策略，教师将得到支持和尊重，孩子的优势被发现，需求得到解决，结果会好很多。

我们与世界各地的学校合作，为他们提供我们的神经序列模型的相关教学。该模型包含了许多我们俩一直在讨论的核心概念，并提供了实施这些原则和概念的课堂实例。结果很令人欣慰，教师、管理人员、家长和孩子都报告了积极的效果，而实际教学结果也支持这些观点。

其他许多团体也正在将创伤知情计划引入学校。就像创伤知情护理的定义到现在都无法统一，这些不同的模式和计划也有很多完全不同的要素。但所有成功的模式都有一个共同点：强调调节和连接。

● 奥普拉：因此，帮助孩子进行调节是具有创伤意识的学校“该做什么”的关键。调节，连接，然后理解，对吗？了解这个顺序至关重要。

○ 佩里医生：是的。很遗憾，我们的学校通常没有创伤意识，往往会禁止学生的自我调节行为：走路、晃动身体、听课时摆弄东西、做作业时用耳塞听音乐。体感调节——如我们讨论过的有节律的活动——实际上打开了大脑皮质，使大脑的理性思考部分更容易开始学习。

现在的学校倾向于尽量减少体育、音乐、艺术等活动，但正是这样的活动能够产生强大的疗愈和复原的力量。这些活动通常被当作选修课或丰富课外生活的活动。事实上，由于它们具有的调节和连接的作用，它们完全可以成为学术学习的基石。模式化的、重复的、有节律的活动能够使过度活跃和反应强烈的核心调节网络（见第二章，图二）恢复平衡。音乐就属于这样的活动——无论是演奏还是聆听都可以产生效果。所有的运动都有这种效果。舞蹈也是如此。当然，这些活动中的每一项也都有建立人与人的连接的作用，这同样非常重要。你学习何时把球传给你的队友；学习如何与你的舞伴一起动作；你与管弦乐队的其他成员协同演奏小提琴。最后，体育、音乐和其他艺术又都有认知元素。它们调动、激活和协调整个大脑的活动，既自下而上又从上到下。这些都是全脑的健康活动。

现在想象一下，三十个孩子，在教室里整齐地坐好，被动地听老师讲课。这不是让大脑顶层部分参与的有效方式。当我们在活动并与他人互动时，我们学习得更快。当我们在学习过程中进行某种形式的体感激活时，我们才能最高效地存储新的信息，并检索已存储的信息。

● 奥普拉：那名学生情绪爆发后，学校把他送到心理健康机构，如果该机构没有受过创伤知情培训或没有处理创伤的经验，会发生什么？

○ 佩里医生：结果不会太好。这通常会使孩子的情况更糟。他会被错误地贴上标签，而且通常会被过度使用药物。我们目前的儿童心理健康系统资源不足，不堪重负。公共心理健康诊所往往会有很长的等候名单，有时一个月才能预约一次，有时与精神科医师的面谈时间只有十五分钟。每个孩子大概平均只会接受三次治疗，家人就不再带他来诊所了。我们的心理健康系统总是倾向于解决当前的危机。

尽管如此，有许多地方的临床团队已经对创伤有所了解，并且做得很好。在理想的情况下，这个孩子会得到一次评估，回顾他的发展历史——基本上就是对“你经历了什么”的详细评估。一个好的评估还会确定孩子的需求和优势。在此基础上，团队可以制订个性化的治疗方案，利用孩子的优势，针对他有需要的领域开展适当的教育或治疗。

这些团队知道，任何一刀切的解决方案都是行不通的。想一想，如果每个有胸痛和咳嗽的人都得到完全一样的抗生素，那将是多么荒谬的事情。这就是许多专注于某种特定“技术”的诊所发生的情况。创伤聚焦的认知行为疗法（TF-CBT）是一种对创伤的循证干预，在实行这种疗法的诊所中，每个有创伤的人都会得到同样的干预。它对一些人有帮助，但并不是对所有人都有效。

一个真正有创伤意识的临床团队有很多“工具”可以使用：职业疗法、物理治疗、会话和语言支持、与学校合作、对家庭和儿童同步进行切实的心理教育，再配合一系列治疗技术，如上面所说的创伤聚焦的认知行为疗法、眼动脱敏与再加工疗法（EMDR）、体感游戏干预、动物辅助治疗，这样的技术还有很多。创伤学还是一个新兴的领域，但有初步证据表明，如果在治疗过程中的正确时机使用这些技术，它们之中有许多都是有效的。

这意味着，一个行之有效的治疗方法必须遵循正确的顺序。在尝试利用人与人互动或认知疗法取得疗效之前，必须先解决调节方面的问题。这就是为什么我开发了神经序列模型疗法，我在与迈亚·塞拉维茨（Maia Szalavitz）合写的第一本书《登天之梯》（*The Boy Who Was Raised as a Dog*）中写到了这个模型。

对我来说，疗愈最重要的一方面是认识到疗愈过程可以涉及多种技术和方法。我们知道，有效疗愈的关键要素包括利用你的健康的人际关系来重访和重塑创伤体验。如果你有一位心理治疗师，并能够和那位心理治疗师形成一种安全和稳定的连接，那么治疗师就会成为我所说的“治疗网络”的一个关键部分。但请记住，真正的治疗时刻有可能是非常短暂的，最理想的状态是这些短暂时刻均匀分布在一整个星期里，而不仅仅是每星期与治疗师见面一个小时。这样的过程可以创造机会，以适度的、可预见和可控制的方式激活创伤记忆，包括应激反应系统。如果使用相反的方法，随着时间推移，反而会让敏感的神经系统更加“神经典型”（见第二章的图三和第三章的图五）。

● 奥普拉：如果我们没有途径找到心理治疗师呢？

○ 佩里医生：好问题。大多数经历过逆境和创伤的人都没有机会接受心理治疗，更不用说能遇到像我刚才描述的那种临床团队了。但我们了解到，如果你能接触到一些愿意投入精力来关心你的人，要比接受治疗师的治疗有更好的创伤后恢复效果。治疗网络为你提供了一个机会，可以汇集你生命中所有积极的人际关系。心理治疗师可以是疗愈的一个重要部分，但不是必需的。这不是说专业治疗没有帮助，但没有连接的治疗不会很有效。在理想情况下，一个孩子可以与家庭、社区和文化建立连接，同时还有一个具有创伤意识的临床团队以及这个团队的一系列工具帮助他。

我在这里还要说一下，如果你认真观察原住民那些传统的疗愈实践，会发现他们在创造影响大脑多个系统的身心体验方面做得非常出色。请记住，创伤记忆跨越了多个大脑区域，而那些传统实践中包含了认知的、基于关系和感觉的元素。人们复述故事，绘制战斗、狩猎、死亡的图画，互相拥抱，按摩，舞蹈，歌唱，在这些活动中与所爱的人、与团体重新连接在一起。大家一同欢庆，分享食物和各种东西。原住民的疗愈实践是反复多次的、有节律的、有仪式感的、人与人紧密连接的，是彼此尊重的和能产生奖赏效应的——众所周知，这样的体验对改变参与应激反应的神经系统是有作用的。这些实践的出现是因为它们有效。人们因此而感觉更好，身体功能也变得更好，疗愈过程的核心要素也将得到加强和传承。不同时间和空间的文化，在疗愈原则上是一致的。

● 奥普拉：仔细想想，这真的很了不起。

○ 佩里医生：是的。我们的祖先早已认识到相互连接的重要性和相互排斥的有害性。另一方面，文明世界的历史却充满了有利于中断情感联系和边缘化一部分人的政策和做法——它们破坏了家庭、团体和文化。殖民地化、奴隶制、美国的保留地制度、加拿大的原住民寄宿学校[1]、澳大利亚的“被偷走的一代”[2]——这些做法产生的巨大破坏在许多代人中一直延续。因为它们有意破坏了保持人与人连接的家庭和

---

1 自2021年5月以来，加拿大政府相继在三处原住民寄宿学校的旧址上发现了数百具儿童遗骸和无名坟墓，引发全球震惊。然而开办原住民寄宿学校的做法却是从美国获得的直接“灵感”，而且美国的规模不仅更大，其内幕也埋藏得更深。——编者注

2 “被偷走的一代”指澳大利亚历史上一群充满悲剧色彩的人，是20世纪初澳大利亚政府推行的“白澳政策”的牺牲品。从1910到1970年，全澳大利亚有近十万名原住民儿童被政府从家人身边强行带走，这些人后来被称为“被偷走的一代”。——编者注

文化纽带，让人类个体处于不可避免的痛苦中，彼此缺乏连接，饱受创伤——正如我们所讨论的，人们为了适应这种环境，为了能生存下来而发生解离反应。即使这种解离是适应性的，也会导致更多的被动和顺从，使受创伤者更容易被羞辱和利用。

有些人可能还没有察觉，我们现有的儿童福利、教育、心理健康和少年司法系统还在频繁地做出同样的事情。他们分裂了家庭，破坏了团体，并不断实施对个人进行边缘化、羞辱和惩罚的做法。

● 奥普拉：你和我一起去南非参观我的学院时，你讲到了系统性的种族主义、废除的权力和创伤，说得很感人。我们在2007年成立了奥普拉·温弗瑞女子领导力学院，在那一年的十三年前，种族隔离制度正式结束，南非民主政府成立。当你来访时，我们正努力在教职员工中建立一种健康的集体意识。

当时黑人教师能感觉到白人教师表现出某种程度的优越感，但他们仍然接受了现实。你从大脑发育的角度，以及大脑发育与隐性偏见和种族主义的联系的角度，非常清晰地向我们讲解了这两个族群之间可能发生的种种情况。你在这里能为我们再讲一次吗？

○ 佩里医生：好的。我们已经谈到过婴儿的大脑如何接受感觉信息，以此来理解他们的世界并建立连接。我们还曾经谈到，我们是深度关系的动物，我们发育中的大脑——从最底层的区域开始——会对“自己人”的气味、声音和形象进行记忆。

“自己人”的说话方式、衣着、肤色——这些记忆都被存储在大脑深处，大脑皮质以下无意识的脑区。

请记住，你的大脑一直在监测你的世界——无论身体内部还是外部——这是为了确保你的生存。当大脑遇到任何不熟悉的体验时，它的默认行动就是激活应激反应：安全第一——先假设新奇事物可能是一种潜在的威胁。

现在，再加上这样一个事实，即人类的主要捕食者一直是其他人类。所以我们对人与人关系的应激反应已经进化到敏感程度。因此，如果有人具备与我们的童年"氏族"相似的属性，当我们和这样的人在一起时，我们会感到安全。但是当我们遇到与"自己人"属性不同的人时，大脑的默认行动就是激活应激反应。当这种情况发生时，我们会感到失调，甚至觉得受到了威胁。

● 奥普拉：这就是为什么，家里有刚出生的婴儿，大家都想看看这个婴儿，而轮流抱婴儿的时候，有时婴儿会哭起来。这是婴儿的大脑正在对陌生的事物做出反应。

○ 佩里医生：是这样的。对婴儿来说，所有这些人都是不同的、全新的和躲不开的。于是他的大脑激活了应激反应。

成年人的大脑也会激活应激反应，对与他们原生氏族不同的人做出反应。大多数时候这种激活是温和的，只会激发出一种戒备和谨慎的心态。但是，如果某个人的应激反应过度敏感，或者新遇到的人属性与他的氏族非常不同，就会发生更剧烈的应激激活。而当这种情况发生时，我们的行为会退化——我们无法使用大脑高层级的能力，即存储我们价值观和信仰的那部分。我们的思想和行为开始被我们大脑中更原始、更容易起化学反应的部分驱动。

我举个例子。我曾经遇到过一个女人，她的女儿加入了和平队[1]，在非洲一个非常偏远的农村地区挨家挨户为儿童进行免疫接种。她来自明尼苏达州，长得很像斯堪的纳维亚人：高个子，金发碧眼，肤色白皙。

● 奥普拉：而她会进入很多从没有出现过白种人的村庄。

○ 佩里医生：是的。也就是说，有一位心态积极、胸怀宽广的年轻女性，她喜欢孩子，觉得自己会让世界变得更美好，她充满热情地走进偏远乡村，为预防疾病而努力。但是当她走进一个村庄时，孩子们却看着她尖叫。他们认为她是一个鬼魂。一些孩子开始哭泣，另一些孩子拼命逃跑。这种状况对这位年轻女子来说是很难接受的。直到她的母亲向她讲述了一些我们的工作内容，她才终于明白，这些孩子是对未知有过度敏感的反应，而不是针对她本人。孩子们的大脑无法对白人产生任何积极的联想，所以他们遇到她时是非常意外和紧张的。

但这只是孩子们一开始的反应。随着时间的推移，这位年轻女性对他们表现出了爱，关怀他们，照顾他们，帮助喂养他们，并在他们害怕的时候为他们进行调节。因此，孩子们知道了这个给他们爱、关怀和支持的白人是安全的和善良的，这种认知被锁定在他们的大脑中，多年后如果他们遇到另一个白人，他们会自动将这个新的白人归类为积极的人。

1　和平队（Peace Corps）是美国联邦政府的一个机构，它派遣志愿者到世界各地帮助发展中国家。这些志愿者在学校教书，建造房屋，协助教育项目，并参与各种其他服务，为世界各地的社区服务。——编者注

● 奥普拉：即使他们后来遇到的白人不那么好，也不一定会破坏对那位来自明尼苏达州的“善良的白人女士”的原有认知，因为这个认知在他们幼年的时候就已经根深蒂固地建立在大脑更深的层级中了。

○ 佩里医生：没错。当你第一次遇到某个人具有不同于“自己人”的特征——例如肤色，你会开始创造新的联想来帮助你理解世界，因为你的世界现在包括了一个新的人。你的大脑将对这个人进行分类、比较和归档。一开始，它将使用你现有的默认值——这是一个具有男性特征的人，这是一个比我年纪大的人，这是一个当老师的人。但是你和这个人共处的次数越多，你就越有机会建立新的、更细微的联想。你会了解这个人的方方面面和复杂性，而不仅仅是他的类别。

但与此同时，大脑总是在使用快捷方式，而这些快捷方式并不总是准确的，这使我们容易受到刻板印象和各种主义的影响，让我们习惯于根据人们所属的广泛类别来概括他们的属性。而我们大脑中最强大的分类系统来自我们最初的体验，通常它们在我们的生命早期就出现了。这促成了我们的偏见倾向。

不久前，当我治疗一个年轻的黑人孩子时，我问他以前是否见过白人男子。

他回答说：“见过一个。”

我后来知道，这个男孩真正近距离面对的第一个白人——不是在电视上——是一名警察。那名警察命令男孩的父亲把车停在路边，用枪对准他，喝令他下车，还对他大喊大叫，给他戴上手铐，然后把他扔进巡逻车里。这个男孩留在父亲的车里，被吓坏了，直到一名社工出现，把他带走。他们甚至不让男孩的母亲见这个男孩，直到那位母亲证明了自己的身份。你可以想象，这个男孩关于白人的内在表征[1]与那些村子里曾经受到过和平队白人志愿者关怀的孩子肯定会非常不同。

那个曾亲眼看到父亲被暴力逮捕的孩子后来又找过我——一个尽力帮助他的白人医生。我们的关系一开始并不是中立的。他曾对我感到畏惧，不信任我——部分原因是我对他来说是个新出现的人，还有一部分原因是我是白人。在我们建立中立关系之前，需要几个星期温和、耐心、积极的工作。后来我们的关系确实变得很好，但我还是被他看成一个例外。他最初对白人的负面体验，被学校和社区中许多公开或隐晦的种族主义相关体验强化了，一直伴随着他。人生最早期的关系体验产生的影响是最强大和持久的。

大脑对体验是按顺序处理的，因此这个男孩总是先在大脑的低层级处理白人的相关信息。当他遇到一个陌生的白人时，他原本的——也是默认的——对白人和威胁的联想将导致应激反应激活，这将影响他的感受、思考和行为。这就像一个唤醒线索。当有关这个陌生白人男子的其他信息能够到达男孩的大脑皮质时，男孩的大脑已经激活了恐惧反应。在他的大脑皮质中确实存储了一些因为遇到我而产生的自传体记忆[2]，这些记忆包含的信息有“佩里医生是白人，但他很好”。但在他刚刚遇到陌生白人男性的时候，由于恐惧反应被激活，他无法有效地从大脑皮质提取这些信

1 内在表征（internal representation）指学习者在头脑中拥有的认知结构或者心智结构。学习者通过外在表征表达出自己的想法而达到沟通和交流的目的，通过内在表征可以进行想象、推理等思想活动。——编者注

2 自传体记忆（autobiographical memory）指对个人复杂生活事件的混合记忆，与记忆的自我体验紧密相关。——编者注

息。他会看着这个陌生的白人男子，心想："但这不是佩里医生。"我们最初的体验创造了过滤器，所有新的体验都必须通过它的过滤。

就南非来说，一个国家中存在着多种文化。而许多代人以来，白人群体残酷地压迫有色人种。在奥普拉·温弗瑞女子领导力学院的黑人教师成长的世界里，一直都在努力抵抗白人权力和种族主义政策、措施和法律，因为这些都会给他们带来生命威胁。与白人有关的联想往往会引发他们的恐惧。许多黑人为此发展出一种适应对策和风格——从根本上来说，它是解离性的，面对他人时避免冲突，表现出顺从，这样的适应能力是根深蒂固的。

● 奥普拉：而学校里的许多教师可能不知不觉地一直坚持着那些旧的思维和行为方式。

○ 佩里医生：是的。1994年，种族隔离制度的压迫性措施最终被取消，但人们的大脑却没有立即改变。对他们来说，白人仍然与统治和边缘化相关。从理论上来说情况已经发生了变化，但是在种族隔离制度下长大的人们相互交流时，仍然会无意识地重新建立起权力差异，并且引发旧的适应模式。白人教师畅所欲言，总是处于"领导"地位；黑人教师则沉默不语，避免冲突，并服从他们不一定支持的建议。这在学校里导致了很大的问题。然而，当我与白人教师交谈时，他们会真诚地说，学校的问题和种族主义没有关系。

关于隐性偏见和种族主义，最难把握的一件事是，你的信念和价值观并不总是在驱动你的行为。这些信念和价值观存储在你大脑中最高层级，最复杂的部分——大脑皮质。但你大脑的其他部分也会产生联想——扭曲的、不准确的、种族主义的联想。同一个人可以有非常真诚的反种族主义信念，但仍然有隐性偏见，导致他做出种族主义的评论或行动。理解大脑中的信息处理顺序对于掌握这一点至关重要，正如同理解发展过程中的体验所具备的力量。正是这种力量使我们大脑的低层部分加载了各种形成我们世界观的联想。

● 奥普拉：我们听到很多白人说："在我家，从来没有人使用过对黑人的污蔑性称呼。"但这不仅仅是语言问题，这关系到在你眼中，你的父母如何对待与你不一样的人，如何与其他人互动，如何评价他人，这是在你的家庭中传达出的对其他人的情感基调。这是你从出生开始就接受的东西，所以它决定了你如何看待那些与你不同的人。某人是否使用了污蔑黑人的词并不是问题的关键。还有很多影响因素在起作用。

○ 佩里医生：的确有很多因素。当你年幼的时候，你正在形成关于世界运行方式的最初联想，对你的主要影响来自你的父母——这不在于他们说什么，而在于他们如何做。你也会受到周围其他孩子和成年人的影响。如果你是一个白人孩子，没有和有色人种的孩子相处过，你就没有任何个人体验可以用于建立这些重要的相关联想。

我们也会受到媒体的深刻影响。从婴儿期开始，媒体传达的信息塑造了我们对世界的理解。对许多白人来说，他们对有色人种仅有的体验和看法都是通过媒体获得的。在我成长的过程中，媒体充斥着对黑人的负面、刻板的宣传。

● 奥普拉：我认识很多白人，在遇到我之前，他们从来没有结识过黑人。过去曾经有一段时间，一些白人雇用黑人为他们工作，所以他们可以说自己认识黑人。但正如你所说，对许多白人而言，他们对黑人的唯一联想就是他们在新闻和电影中看到的东西。

○ 佩里医生：在我年轻的时候，电影或电视中的黑人男性和黑人青年更有可能被描绘成负面人物——比如罪犯。他们不会是侦探、超级英雄、科学家。这种歪曲对人们的大脑组织方式产生了惊人的强大影响，促成了白人对有色人种的负面联想，是产生隐性偏见的一个重要因素。

我们都创造了自己这个版本的扭曲世界。正如我所说，大脑处理信息的快捷方式使我们容易产生偏见。每个人都有某种形式的隐性偏见——对世界的某种扭曲——这是基于他们成长的方式和环境而产生的。想象一下，让每一种文化、每一种宗教和每一个种族都进入你大脑中安全和熟悉的目录，这样的概率能有多高？更不要说你在生命的最初几年里只能接触到很有限的信息。因此，我们需要承认，我们随身都带着一些偏见。

● 奥普拉：在伊莎贝尔·威尔克森的《美国不平等的起源》(*Caste:The Origins of Our Discontents*）一书中，她引用了一个名为“量刑计划”(Sentencing Project）的刑事司法改革组织的研究。研究发现，涉及黑人嫌疑人和白人受害者的犯罪只占所有犯罪的10%，但它们占据了电视报道的42%。当你看新闻时，你看到的几乎一半新闻都是黑人对白人的犯罪，这势必影响你看到黑人时的思考方式。

○ 佩里医生：让我们花点时间思考一下，当一个没有经验的白人警察与一个黑人少年在深夜发生冲突时，这种隐性偏见是如何发挥作用的。这是大脑功能的状态依赖问题。在遭受威胁时，大脑的理性部分开始关闭，而大脑中更易起化学反应、更情绪化的部分占据了主导。假设你是白人警察，你感觉受到威胁，同时你有枪，在你感觉受到威胁时，你大脑中较低层级的更易起化学反应的部分开始支配你的认知和行为，而你的大脑里存储着一整套黑人男子是有威胁的罪犯的记忆目录，那么基于恐惧，你很有可能对黑人少年做出这样的行为——大声吼叫，甚至进一步升级到扣动扳机。你对白人少年则有可能不会如此，因为你的大脑记忆目录中并没有充满威胁的白人少年。

说到需要进行创伤培训的系统，执法部门应该排在名单的首位。如果你要成为第一反应人员[1]，尤其是警察，那么关于创伤、大脑、应激和痛苦的培训是至关重要的。任何被赋予责任、需要携带枪支为社会服务的人都应该接受这些方面的广泛培训。

● 奥普拉：但隐性偏见和种族主义之间又是有区别的。你认为这个区别的界线在哪里？

○ 佩里医生：隐性偏见表示偏见是存在的，但没有被明确表

---

1 第一反应人员指接受过培训，在紧急情况下首先到达现场施行基本救治的人，如警察或消防员。——编者注

达——有时表达甚至是无意的。而种族主义则是一套公然宣称一个种族优于其他种族的信念。在美国，种族主义是白人为确保自己享有特权而建立的一系列制度，其目的是对有色人种实现边缘化和压迫。可以说，种族主义存在于人们大脑的顶层，理性的区域内；而隐性偏见则涉及大脑低层部分所产生的曲解信息的过滤器。当一个儿童或青少年接触到公开的种族主义信仰，那么在他们的家庭或同龄人群体中，这些信仰可能已经被深深植入到大脑的低层过滤器里面，形成一套根深蒂固的感受和信仰，其分布跨越大脑的多个区域。

● 奥普拉：但改变依然是有可能的。我认为有必要提一下我在2018年的一次谈话。它证实了我的看法，即通过共情，即使是种族主义倾向最严重的人也有希望发生改变。

那年我和一个叫安东尼·雷·辛顿的人进行了交谈，他在阿拉巴马州的死囚牢房里被关了三十年，但他实际上并没有犯下被指控的罪行。他被完全隔离起来——牢房里只有他一个人，无法看到其他囚犯。那里没有人能够真正彼此交谈，但在晚上，你可以听到那些痛苦男人的哭泣和呻吟。

有一天晚上，安东尼听到有人在哭，他的内心发生了某种变化。他喊道："你怎么了？"那个男人告诉他，自己的母亲去世了。

安东尼与母亲的关系非常亲近，在那一刻，他产生了深深的共情。这一句问话，这个共情的行为，为所有的男人打开了大门。他们开始定期互相交谈，分享故事，互相支持。安东尼与一个叫亨利的人变得特别友好。他后来了解到，亨利的全名是亨利·海斯，是三K党成员，因为吊死一个年轻的黑人男孩而被关进监狱。但安东尼没有与他断交，结束这段友谊，而是在死囚牢房里与他建立了牢固的友情，他们一直都是亲密的朋友。

○ 佩里医生：我打赌，安东尼这样做改变了亨利。

● 奥普拉：甚至亨利被执行电刑的那个晚上，他最后的话是：他这一辈子都错了。他的父母把他教错了，让他以为黑人是敌人。他只能到死囚牢房里学习什么是爱。

○ 佩里医生：哇哦，这真是令人难以置信的强大力量。这是一个完美的例子，证明即使是最充满仇恨的种族主义信仰也可以被改变。

请记住，大脑皮质是大脑中可塑性最强、最容易改变的部分。信念和价值观都是可以改变的。

● 奥普拉：而隐性偏见的改变比较难，对吗？

○ 佩里医生：隐性偏见的改变要困难得多。你可能真的相信种族主义是不好的，相信所有人都是平等的。但这些信念在你大脑的理性区域，而你的隐性偏见在你大脑的低层区域，依然每天都在上演——在你与他人互动的方式里；在你的嘲笑里；在你描述的事件里。

观察这一点与“黑人的命也是命”运动的关系就会发现，乔治·弗洛伊德的遇害激发了许多关于结构性种族主义、隐性偏见和白人特权的对话，向我们揭示出如此多的误解造成了如此多的痛苦。当然，也出现了如此多的辩解：“我从来不是种族主义者。”“我骨子里没有种族歧视。”好吧，问题不在于你的骨头，而在于你的大脑。我们所有人都有根深蒂固的偏见，而这些偏见中潜伏着与种族主义相关的东西。

解决隐性偏见的挑战是首先要意识到自己有这种偏见，反思自己的偏见曾经在何时被表达出来，预知自己何时何地可能会表达自己的偏见。要有足够的勇气与那些不同于你的人相处，他们可能会挑战你的偏见，这可能会让你感到不舒服。但请记住，适度的、可预见的、可控制的压力可以帮你构建复原力，建立新的联想，得到新的体验。理想的做法是，走出去，加入团体，花时间和那些不同于你的人相处。你需要建立真正的、有意义的关系，这样你就能根据每个人的独特品质来了解他们，而不是根据大脑中既有的经验给他们分类。

● 奥普拉：这才是真正能够改变隐性偏见和种族主义的做法。

○ 佩里医生：是的。这就是为什么你不能指望仅仅依靠一个社团，通过让每个人学习反种族主义课程或参加文化敏感性（cultural-sensitivity）[1]训练来解决这些问题。你不能只是接受文化敏感性的训练——你要真正花时间沉浸在文化中，与他人共度时光。安东尼·伯尔顿（Anthony Bourdain）[2]就是这方面一个很好的例子。他鼓励人们通过与厨师一起共度时光，准备饭菜，分享食物，并且与其他人一起庆祝文

1 文化敏感性指了解母文化和异文化的区别以及这些文化特点对自己和他人言行举止的影响。——编者注

2 安东尼·伯尔顿，纽约Brasserie Les Halles餐厅的执行厨师长，从事厨师职业二十八年，首部非小说类作品《厨室机密》风靡全球。——编者注

化活动来体验其他文化。你不可能从一个三小时的研讨会中训练出文化的敏感性。

● 奥普拉：这是否意味着我们不应该有文化敏感性的训练？

○ 佩里医生：不，这意味着文化敏感性的训练需要与真实的体验和真实的关系相结合，才能帮助人们学习如何变得理性。这将有助于改变一个人。对许多人来说，这很难做到，而且它肯定不能解决整个系统的问题，但这是一个开始。

长期的解决方案是最大限度地减缓隐性偏见的发展。我们必须认真思考如何培养我们的孩子，让他们在生命的早期有更多机会接触到人类多样性的辉煌。而且我们必须改变我们社会系统中许多固有的偏见因素。

● 奥普拉：你觉得创伤会导致人性的倒退吗？

○ 佩里医生：正如我们之前讨论的那样，人类一直生活在创伤中。因此，尽管我们一直在谈论现在面临的各种挑战，我还是很乐观。我认为我们这个物种的人性本来就是有起有伏，有人性高尚的时期，也有人性残暴的时期。但如果你看一下人类的历史，所有与健康和福祉、社会正义、创造力和生产力有关的主要指标现在都呈现上升趋势。

这并不是说现在美国没有处在一个极其艰难的时期。现在出现了很多两极分化的情况。很多人在利用恐惧来制造公众舆论。愤怒的、两极分化的群体不善于倾听，但他们会传达恐惧和痛苦以及对变革的渴望。

我希望通过讲授创伤和连接的力量，情况会有所改善。我们可以投资建设社区，推广创伤知情的服务，支持艺术家，重建基础设施，建造出能够让人们组织社群的空间。我们可以在人性上有一个质的飞跃。我们过去可以，现在也可以。但首先我们需要了解创伤的普遍存在和复杂影响。我们还有这么多没有表现出来的潜力。

第九章

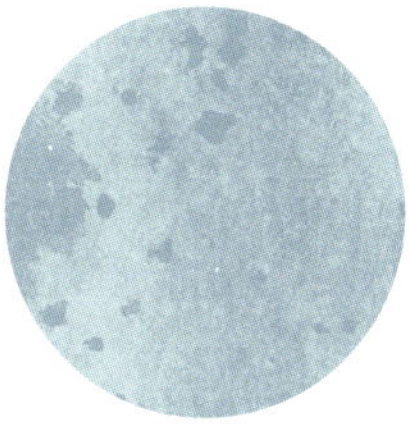

当代世界的关系贫困

在我们生活的环境中，我们真正“看到”的人越来越少。即使我们和别人接触，彼此交谈，我们也没有在真正地倾听对方，没有真正和对方在一起。这种与他人情感联系的中断使我们变得更加脆弱。这种关系贫困意味着，当我们真正遭受压力时，缓冲能力会更弱。

○ 毛利长老带我们走到一座平缓的山丘底部的大门前。山丘顶上有一座美丽的长方形建筑，梁柱上布满了令人惊艳的雕刻花纹。这道大门后面就是毛利集会场地，一个封闭的区域。它是毛利社区的中心场所。那幢建筑是毛利社区会议室，又叫wharenui（有雕刻图案的会议室）。几十名毛利社区的成员在通往会议室的道路上排成一排。其中一位长老拿着一根棍子走到我们面前，大声说着毛利语，然后把一片蕨类植物的叶子放在我面前的地上。一位年长女性开始唱歌。其他人也加入进来。我们的欢迎仪式，即pōwhiri开始了。

二十五年前，新西兰的儿科学先驱罗宾·范科特医生邀请我去访问，并讲授我在发展性创伤和大脑方面的研究。我便问她是否可以帮助安排让我见一见毛利人的疗愈师。我一直都想多了解一些原住民的疗愈方法。创伤是人类历程的一部分，我们的祖先对创伤非常了解。我花过一些时间向第一民族[1]、梅提斯人[2]、美洲原住民社区的长老和疗愈师倾听学习，从中发现了各种疗愈实践的共同要素——最突出的就是节律的使用和强调人与自然的和谐。但我知道，我还有很多东西需要去了解。

在接下来的两天里，我要从毛利社区的视角来学习创伤和疗愈的知识。我的第一课是关于教育。长老们没有让我坐下来读书，也没有向我做关于传统疗愈方法的演示，他们让我以完全沉浸的方式在社区里生活了两天，用他们的智慧赋予我学习的机会和经验。我一定能发现意义深远的东西，但我能发现什么，要由我自己来决定。我能以足够开放的心态去学习吗？还是只会简单地从我的西医学视角将这些经验过滤一番，把它们看作离奇的人类学注脚？

在第一天的剩余时间里，这个社区的成员都来到了集会场地。我们聚集在会议室里，坐在地板上。许多人和我谈起了传统的疗愈方法。很快我就明白了一件事——他们没有从概念上把问题和解决问题的方法分成教育、心理健康、少年司法和儿童福利等等不同的类别。他们的思维方式和处世态度是整体性的。这与克里人[3]和梅提斯人的长老们与我分享的世界观非常相似。我们要真正理解人生旅程中的当下这一刻，要意识到，为了最好地理解此时此地，我们需要知道自己

---

1 第一民族（First Nations）是一个加拿大的种族名称，与印第安人同义，法律上“印第安”一词是生效的，但是在社会上，该称呼被认为是对第一民族的冒犯。第一民族指的是在现今加拿大境内的北美洲原住民及其子孙，但是不包括因纽特人和梅提斯人。——编者注

2 梅提斯人（Metis）是加拿大特有的混血民族，拥有自己的语言和传统。——编者注

3 克里人（Cree）是居住在从加拿大东部至亚伯达省直至大奴湖之间广大地区的印第安人。——编者注

来自哪里，我们和我们的祖先曾经“经历了什么”。

当有人要对大家讲话时，他会走到一个大家都能看到他的角落——他也能在那里看到每个人。发言者通过追溯自己的家族谱系来自我介绍，在介绍过程中常常会着重讲一下自己某位祖先的特殊属性。这种对代际传承的清晰追溯会加深跨代理解。然后他开始正式发言。这种发言经常是用讲故事的方式来说明一个关键要点。

在这两天的时间里，我们吃饭都是合餐制，融合了仪式、谈话、游戏和讲故事的环节，全程充满笑声和拥抱，给人一种家庭团聚的感觉。团体的温暖和力量在这里充分体现出来。晚上，我们都睡在这座被称作wharenui的会议室里，作为一个团体共同入睡。

在这两天里，我有幸得到指引，来到这片土地，与两位年长的疗愈师一起在森林里和海滩上漫步。有时他们会停下来，离开道路走到一棵植物旁，折下一片叶子或一些树皮，或者挖出一段根茎。他们会让我闻一闻，再尝一尝，告诉我它们潜在的用途。“可以用海水调成糊状。”“这有助于缓解疼痛。”

长老们对我的好奇很有耐心，当我向他们询问如何处理抑郁症、睡眠问题、药物滥用和创伤时，他们对我西医模式的“疾病”表述感到很好笑。他们一直试图帮助我理解，这些问题基本上都是一回事，都是相互关联的。在西方精神病学中，我们喜欢把它们分开，但这忽略了问题的真正本质。我们只是在追寻症状，而不是疗愈人。

对于毛利人而言，痛苦、悲伤和功能障碍都来自某种形式的分裂，与他人的情感联系中断，还有大脑和其他器官的不同步。我们对这些问题进行了广泛的讨论。毛利人像世界上所有被殖民的民族一样，受到了历史创伤的巨大影响。殖民化、文化种族灭绝和种族主义的跨代影响是毁灭性的。毛利人失业、贫困、酗酒、家庭暴力、心理健康和身体健康问题的发生率要远远高于新西兰总人口（新西兰有85%是白人）的发生率。在澳大利亚和托雷斯海峡的原住民、加拿大原住民，以及美国的黑人、拉美人和美洲原住民中，都可以看到类似的情况——在特殊教育、精神健康、少年司法和刑事司法系统中，原住民和有色人种出现的比例过高。而毛利人的“疾病”概念比我的医疗术语更好地解释了这种差异。殖民化有意破坏家庭、团体凝聚力和文化，这种情感联系的中断是创伤的核心问题。

所有传统疗愈方法的核心要素是一种被毛利人称之为whanaungatanga[1]的东西。这个词指的是互惠关系、亲属关系和家庭归属感。共同的经历和挑战，让人们产生连接感和归属感。许多治疗实践和仪式都会涉及“重建连接”，先确定连接的起源，比如祖先共同狩猎和突袭的经历，然后从象征意义和实际意义上重新与家庭、团体和自然世界相连接。

长老们总是明确地说，他们不会拒绝接受遗传学、免疫学和生理学的研究进展，而且他们正与在他们社区工作的训练有素的西医医师密切合作着。但他们认为，将一个人的复杂性细化为多个组成部分，从骨科医生、眼科医生、脑科医生等不同领域的医生角度做出健康判断，其实完全忽略了健康的核心要素。如果不解决连接的问题，也就是没有whanaungatanga，那么西医干预措施的潜在有效性也会降低。

当我的访问即将结束时，我和一位长老并肩站在俯瞰大海的悬崖上。风从海面吹来，海浪拍打着岩石，传到我们耳朵里是响亮

1　在毛利人的观念中，个人的成长和抗压能力都被视为他们传统价值观——whanaungatanga（协作和集体主义）中的一部分，这种价值观强调团队归属感和集体身份认同。——编者注

的、强烈的、有节律的声音。我感谢长老陪我这么长时间。她转过身来，微笑着把手掌放在我的心口位置，对我说："我们是疗愈师。"当时，我还是受西医思维的驱动，第一感觉她的意思是说她和我的职业都是疗愈师。现在我明白了，她是想再次告诉我，作为团体、作为集体的"我们"，拥有疗愈的力量。在这个意义上，我们就是疗愈师。

从新西兰回来以后，我决心更深入地了解我所治疗的儿童的"构建关系的神经生理基础"。我很想知道，我们是否能找到健康状况受到连接影响的相关证据。我首先意识到，我还没有真正询问过孩子们生活中一些最重要的问题：他们每天是如何度过的？谁是他们的朋友，是他们的"自己人"？他们在哪里感到安全？他们的人生中经历了什么事，导致他们被送去看精神科医师？我一直过于关注他们出了什么问题——有什么困难、症状和学习障碍。我们的标准只是在评估和衡量他们症状的性质和严重程度，我们没有评估过他们的关系的性质和质量。我们的治疗方法并没有触及疗愈的核心，也就是毛利人说的whanaungatanga。

蒂莫西是一个十岁的男孩，是我从新西兰回来后接触的第一批病人之一。我们在诊所为他看病已经有九个月了。他是由当地的儿科医生转来我们这里的。因为他多次对同学发飙，并且有攻击行为，他被诊断为注意缺陷多动障碍和对立违抗性障碍。为治疗他的"障碍"开出的药物没有改善他的症状，因此他被转到我们诊所。

在查看他的记录时，我看到了许多与他目前问题有关的线索。从三岁开始，蒂莫西就受到了母亲的同居伴侣的身体虐待。他们在这种暴力和虐待的环境中生活了大约三年，直到他的母亲离开那个虐待他的同居伴侣，之后他们的生活陷入了贫困。他的母亲努力想找一份体面的工作，在接下来的三年里，他们搬到了三个不同的城市，蒂莫西也换了三所新学校，住过三个新的社区，更换了新的邻居。终于，在他们搬到得克萨斯州以后，他的母亲找到了稳定的工作。慢慢地，他们开始恢复经济和稳定的社交，但是过往的经历对他们两个人都造成了严重的伤害。

他的母亲疲惫不堪，意志消沉，身体状况也很差。蒂莫西则有典型的创伤相关症状：他的过度警觉被误认为注意缺陷多动障碍，另外他还有睡眠问题和因为失眠导致的疲惫，以及持续过度的应激反应。同时他还有社交方面的不成熟。尽管蒂莫西已经十岁了，但他在成长过程中很少有机会进行社交实践。这些年来他一直都是那个“新来的孩子”，再加上与创伤有关的学习效率低下，这些都导致他的社会情感发展严重滞后。他就像一个五岁的孩子出现在十岁孩子的社交世界里。他总是被忽视和被取笑，被排斥在外。当他独自一人或者和母亲在一起时，他才能调节到最佳状态。他想融入其他人，但他没有这样的能力。当他们刚搬到得克萨斯州时，他和他所在街区的一个六岁男孩交了朋友，但这个男孩的父母觉得他们的年龄差距有点大，不鼓励自己的孩子和他玩，后来又禁止他们在一起。

在诊所里，蒂莫西和我并排坐在一张桌子前，我们一起画画和涂色。

“嘿，我突然想起来，我还没问过你有什么朋友。”我小心翼翼地说。

他一直在涂色，一句话都不说，几乎就像没听到我说话一样，但我知道这是他的回避性反应。

“你最好的朋友是谁？”

他毫不犹豫地说："雷蒙德是我最好的朋友。"

"我不记得你提起过雷蒙德。"

"他真的很好。我们一起去游泳，还抓了一些青蛙。他和我一样喜欢忍者神龟。"虽然他平时有些孤僻，看起来很忧郁，但在说这些话的时候，他充满了活力和热情。

"你们在一个班吗？"

他停顿了一下，似乎是在思考。"我不知道。我没有问。"

我有点困惑。"他在你们学校上学吗？"

"不，他住在堪萨斯州。"

"啊，你们多长时间见一面？"

"去年夏天我们刚见过。也许明年夏天我们再去露营时，我会见到他。"他充满期待地说完这句话，就又回到了他悲伤的常态。

我也感到很悲伤。一个孩子告诉我，他最好的朋友是他在露营时遇到的一个人，他们只在一起玩了几天。这个男孩是真的没有朋友。他本来生在一个大家庭，但那些家人都住在另一个城市，他不属于任何信仰团体，他是一个孤单的孩子，而且由于他的不成熟和冲动，他在学校里也被边缘化。他被看作一个"奇怪的"孩子。他的母亲工作很辛苦，独自努力照顾他。我见到那位母亲时，她也是一脸悲伤。

他们的世界与毛利社区的反差是惊人的。毛利人有如此丰富的关系密度和多样性发展——婴儿、儿童、青少年、成年人和老人都在同一个空间，一起活动、唱歌、交谈、吃饭、欢笑。我想象着蒂莫西和其他孩子一起在毛利集会场地跑来跑去，与阿姨、叔叔和祖父母交流互动；我想象着蒂莫西又一次去露营，和他的朋友雷蒙德一起去抓青蛙。这样的画面让我不由得微笑起来。然后，我的脑海中描绘出更现实的景象——他在学校食堂里寻找一个安全的角落独自吃午饭；从学校走回家，走进一间空荡荡的公寓；等待那个疲惫的、爱他的母亲回家；用网络游戏和电视打发时间。

创伤对蒂莫西和他的母亲都有影响。他们都处在关系贫困的状态，没有积极的关系所形成的治疗网络，没有疗愈所需要的任何关系。蒂莫西和他的母亲需要连接——他们需要 whanaungatanga。

在接下来的几周里，我们与蒂莫西和他的母亲见了几次面，并改变了我们的治疗方法。首先，我们让他的母亲也接受我们的治疗。这听起来难免令人感到惊讶，很少有儿童诊所也为成年人服务。鉴于跨代和家庭内部创伤的频繁出现，这可以作为一个相当有力的例证，足以说明我们的各种孤岛性质的社会系统造成了怎样的破坏性分裂。我们又为蒂莫西找到了一位校内导师，帮他报名参加他所在社区的“男孩和女孩俱乐部”的课后活动计划，并停止了他的所有用药。我们鼓励他的母亲了解一下当地教会的单亲家庭小组。她本来就是长老教会员，但在得克萨斯州还没有找到一个“教会之家”。我们与蒂莫西的几位老师会面，这是个别化教育计划（IEP）[1]的一部分。在了解了蒂莫西行为背后的原因之后，老师们对蒂莫西的理解加深了很多，其中一位还对他产生了特别的兴趣。蒂莫西一直没有被“看到”，因为老师们的工作负担太重，根本无暇关注他。但现在学校里有更多人“看到”他了。

六个月后，蒂莫西的精神状态有了明显改观。他在学校里不再有行为问题，而且他已经补上了一整年的课程。他有了一个最要好的

1 个别化教育计划（Individualized Education Program）指为接受特殊教育的每一位残疾学生制订的能够满足其个人发展需要的教育方案。——编者注

新朋友，每周都和他一起玩。他在学校和放学后的时间都很活跃。他的母亲情况也在好转。她发现单亲家庭小组对她很有帮助，并且正在建立新的友谊。她曾因蒂莫西的行为问题伤心欲绝，儿子的进步对她来说就是一剂补药。而一个更快乐的母亲带来的天然感染力又会更促进儿子的进步。积极的互惠关系和新的归属感疗愈了这个小家庭。这只是我探索连接的力量的开始。

——佩里医生

● 奥普拉：你曾经说过，我们这个社会充满关系贫困。在我们生活的环境中，我们真正“看到”的人越来越少。即使我们和别人接触，彼此交谈，我们也没有真正地在倾听对方，没有真正和对方在一起。这种与他人情感联系的中断使我们变得更加脆弱。

○ 佩里医生：你说的没错。尽管我们国家物质富足，人心向善，但从整体上看，我们的复原力是比较弱的。我们承受压力的能力正在被削弱，因为我们的连接正在减少。

这种关系贫困意味着当我们真正遭受压力时，缓冲能力会更弱。我们对任何感觉有潜在威胁的东西都会变得更加敏感，比如一个有不同政治观点的人。许多人对相对较小的挑战都会反应过度。大脑功能的状态依赖让我们变得过度敏感时，我们很容易就会失去理性，以更加情绪化的方式思考和行动。我们正在失去冷静思考他人意见的能力、反思的能力和从他人的角度看问题的能力。

● 奥普拉：我经常见到这种情况。有人犯了错误，或者很久以前说过错话，被公众发现后，“抵制文化”（cancel culture）[1]汹涌而至。没有人愿意互相倾听。

○ 佩里医生：讽刺的是，所有的人际交流都具有沟通不畅和不同步的特点，但人类又有修复的能力。正如我的好朋友，发展心理学的先驱，埃德·特罗尼克教给我们的，人际关系的破裂和修复有利于构建

1 从2020年开始，抵制文化在美国媒体和知识界引起了广泛讨论，指个体对不认同的事物或人取消关注，进行抵制。——编者注

复原力。但这种破裂应该只产生适度的、可控的压力。

例如，对话可以提升复原力。在家庭晚餐中的讨论和争论、与朋友稍有些激烈的对话，只要它们造成的关系破裂是可以修复的，它们就能构建复原力和共情力。我们不应该从谈话中怒气冲冲地走开。我们应该调节自己，修复破裂的关系，重新连接并成长。当你走开时，每个人都会有损失。我们都需要更好地倾听、调节和反思。这需要宽容和耐心。成熟的人际交往包括努力理解与你不同的人。但是，如果我们没有家庭聚餐，不和朋友聚会，没有面对面的交谈，我们只通过文字或推特进行交流，那么我们就无法创造出积极的、健康的、互相往来的人际关系模式。

● 奥普拉：愉快积极的时刻当然是美好的。但你的意思是，真正的成长来自更艰难的时刻、更有难度的对话。面临这些时刻时，我们要有一种关注他人“你经历了什么”的意识。

○ 佩里医生：共情力是一种设身处地为他人着想的能力——既要在情感上体会到他人可能的感受，也要在认知上从他人的角度看待当下的情况。如果你能够以共情的态度与人交流，你就不太可能对正在发生的事情产生负面的看法。希望这能让你有机会更好地了解对方，即使那是你已经认识的人。希望你会因此而知道更多他们的故事，这反过来又能让你在与他人的互动中获得更好的调节状态。

当有人对我们无礼时，我们的典型反应是被他们的情绪感染，我们会变得失调，然后我们会如同镜像一样复制他们的无礼行为。但是，如果你能保持调节，以共情的态度来对待这种互动，你的反应就会有所改变。

● 奥普拉：而这样做就改变了一切。你也说过，人类的大脑真的不是为现代世界设计的。让我们来谈谈这个问题。

○ 佩里医生：嗯，人类一直都是人类——二十五万年来一直是这个基因模式。在99.9%的岁月里，我们都是生活在相对较小的狩猎采集部落中，所以我们的大脑"适合"这种小群体的社会属性和复杂性。在我们作为人类存在的几乎全部进程中，我们的社会网络都很小，我们只"认识"六十到一百个人。我们可能与其他有着相似亲属关系和共同文化元素的群体有一些联系，但大多数情况下，我们的"世界"很小，而且根植于物质世界。我们已经有了更多的多样性发展——成年人、青少年和儿童整天共处在同一个空间里，有了更多的物理接近、更多的接触、更多的连接。

我们的感官系统不断进化，目的是监测自然界的日常节律、色彩、光线和声音，以及从我们相对较小却很复杂的社会群体——我们的宗族和部落中接收语言线索和更多非语言的线索。

但今天我们的生活方式与几千年前大不相同了。我们创造出了我们的现代世界。于是，每当这个世界和它的各种发明让我们远离基因中的能力和偏好时，我们就会遇到问题。

我们目前的挑战是，新事物被发明出来的速度已经超过了我们解决问题的速度。在过去的两千年里，我们这个世界在人口、技术、交通等方面的变化速度呈现爆炸性增长。正如作家和生物化学家艾萨克·阿西莫夫[1]所说："时下生活最可悲的事实是，科学聚合知识的速度，远快于社会聚合智慧的速度。"

用各种发明让我们远离自然界和社交偏好，这样做带来的挑战之一就是给我们负责监测世界的神经系统带来压力。我们的感官不断监测现代世界的各种杂音，应激反应系统几乎被耗尽：街道的噪声、交通、飞机、音响、电视、冰箱的嗡嗡声、电脑散热风扇的嘶嘶声。生活在城市环境中，这些系统承受的负担就更重。每当你在街上看到一个陌生人，你的大脑就会问：安全吗？熟悉吗？是朋友还是敌人？值得信赖还是不值得信赖？一遍又一遍。你扫描每个人的属性，并将其与你的"安全和熟悉"的记忆目录进行比较。这种对社会环境的持续监测会占用我们很大一部分的大脑带宽。

与此同时，我们正在违逆自然。我们使用人工照明，让我们在深夜保持清醒。我们吃的食物都是经过重度加工的，完全不适合我们的身体进化出的消化功能。所有这些都在给我们的身体带来压力，尤其是大脑。

如果你还得担心住房、食物和就业，这种压力就更大了。贫困带来的不可预见性和不安全感用尽了应激反应系统的带宽，使摆脱贫困的机会极难把握。

奥普拉：我们谈到过贫困如何导致创伤。但正如你所指出的，我们要担心的不仅仅是经济贫困。孤立和孤独已经成了一种流行病。

---

1 艾萨克·阿西莫夫（Isaac Asimov，1920—1992），俄罗斯犹太裔美国科幻小说作家、科普作家、文学评论家，美国科幻小说黄金时代的代表人物之一。——编者注

○ 佩里医生：是的，我非常关注现代社会中的关系贫困。我们在工作中发现，判断你当前心理健康程度的最佳指标是你当前的“关系健康”或者你的连接。这种连接是由两件事促成的：你建立和维持关系的基本能力，以及你在家庭、邻里、学校等构建关系的机会。

简单地说，现代生活提供的关系互动的机会更少了。在一个多家庭、多代人聚居的环境中，持续的社交互动提供了丰富的调节、奖赏和学习资源，而这是我们过去的生活方式。在1790年，我们国家63%的家庭有五名或更多成员，只有10%的家庭有两名或更少成员。今天，这个数据基本上颠倒过来了。2006年，只有8%的家庭有五名或更多成员，60%的家庭只有两名或更少的成员。在最近对美国、欧洲和日本的一些城市社区的调查中，多达60%的家庭只有一个人。

另外，屏幕时间（screen time）对我们也有很大的影响。在家里，在工作中，在学校，我们每天花费在屏幕前的时间超过十一个小时。我们的家庭聚餐次数大大减少了。我们的对话技能正在衰退，讲故事的技艺和倾听的能力都在减弱。其结果就是总体性地只关注自我，更加焦虑，更加压抑，遭遇创伤后的复原能力也更差。

● 奥普拉：你觉得这一切会导致共情能力减弱吗？

○ 佩里医生：嗯，共情能力是大脑中关键神经网络的功能之一，这些网络又是通过不断被使用而形成的。换句话说，就像锻炼语言的流畅性需要参与大量对话并接受语言刺激一样，锻炼共情能力同样需要不断重复充满关爱的关系互动。而现代世界并没有为我们的孩子提供这些机会。

在极端情况下，如果一个婴儿没有得到持续的、安全的、稳定的和充满支持的照顾，他形成和维持健康关系的关键能力就不会得到发展。这个婴儿会产生其他的体验，这会让他在亲密关系、社交技能和人际交往行为等方面出现问题。

● 奥普拉：我知道你治疗过一些从未发展出共情能力的人。

○ 佩里医生：我还记得自己坐在监狱里，采访一名女囚犯的情形。她杀害了一位年轻的母亲，是为了把那位母亲的婴儿据为己有。当我查看她的记录并与她交谈时，她那种情感联系中断的状态非常明显。

如果你了解到她“经历了什么”，你就会理解了。她在生下来刚六天的时候就被抛弃，然后在庇护所待了几个月，在那里负责照顾她的人是不固定的。离开庇护所，她又进入了寄养机构。所以从出生开始，她就没有任何持久的关系。她不属于任何人，不属于任何地方。在她十六岁的时候，她已经在七个州、十二座城市、二十六个不同的地方居住过。她从未连续两年在同一所学校上学。她在一个地方居住的最长时间是八个月。她与家庭、社区和其他任何地方都没有联系。

这个女人是残酷无情的，她在谈到被她杀死的母亲和被她带走的婴儿时都面无表情。我们交谈时，她给人的感觉是空虚而冰冷。她缺乏共情力。正如我们在第三章中所讨论的，一个人无法给予自己没有得到的东西。如果没有人跟你说话，你就不会说话；如果你从未被爱过，你就无法爱别人。

● 奥普拉：除了像她这样的极端案例外，你说过，我们总体来说共情的能力，也就是感受他人痛苦的能力已经发生了改变。

○ 佩里医生：是的。我要讨论的是没有发展成熟的共情能力。如果幼儿只能听到较少的词语，他们仍然可以学习说话，只是说话不太流利。同样，如果儿童的关系互动较少，他们仍然可以发展出社交能力，只是不那么成熟，会更加以自我为中心，更专注于自我。这就是一些研究显示的情况。在共情能力的衡量标准上已经出现了明显的变化：和二十年前相比，大学生中有30%“共情能力减弱”，更专注于自我。一项研究显示，在过去三十年里，美国大学生的心理疾病增加了40%。研究者们认为这是因为“文化正转向外在目标，如物质主义和身份地位，而远离了内在目标，如集体意识、生命的意义和归属感”。这并不是说现在的年轻人很糟糕或比以前更糟糕，但这是一个明显的例子，说明我们的生活经历在如何塑造我们。“你经历了什么”很重要，我们都在某种程度上反映了我们的家庭、集体和文化的关系属性。

当我思考我们的家庭结构和文化的变迁时，我经常会想到巴里·莱文森的电影《适者生存》（*Avalon*）。那部片子开头的一幕是一个多代人的大家庭在举行感恩节聚会。他们的公寓相对较小，但几代人都聚在一起，哪怕那里充满嘈杂和混乱，也是特别有爱的嘈杂和混乱。影片的最后一幕再一次来到感恩节。在努力打拼终于取得事业成功并搬到市郊以后，原来几代同堂的大家庭变成了一个核心家庭[1]，几个人并排而坐，没有人说话，他们一边看着电视，一边在折叠餐桌上吃着冰冷的晚餐。

我们这个社会的跨代关系网正在被损坏。我们与他人的情感联系逐渐中断。我认为这使我们更容易受到逆境经历的伤害，这正是我们目前看到的焦虑、自杀和抑郁症增加的一个重要因素，甚至在新冠肺炎疫情暴发之前就已经是如此了。

● 奥普拉：你认为这都是情感联系的中断造成的。

○ 佩里医生：是的。在我们的社会中，人们情感联系中断，陷入孤独，导致焦虑、睡眠问题、药物滥用和抑郁症的增加。

哈佛大学的一个团队最近的研究发现，在所有与抑郁症相关的因素中，最强大的因素与连接相关。“即使是那些因为遗传脆弱性或生命早期的创伤而有抑郁症高风险的人，在他们的身上仍然能看到社会关系网络的保护作用。”我们的工作也验证了这个结论。我们的主要发现之一是，在确定一个人目前的心理健康状态时，了解他童年时的关系健康史——他们的连接——的重要性不亚于他的逆境经历史，甚至更重要。而对于经历过创伤的儿童和青少年，评测他们当前心理健康状态的最佳参考因素就是他们当前的连接。

我想起了毛利长老和他们的理念，即创伤、焦虑、抑郁和药物滥用都是一回事——都与我们的连接和归属感有关。

---

1 核心家庭指由一对夫妇及未婚子女（无论有无血缘关系）组成的家庭。通常称为“小家庭”。——编者注

● 奥普拉：我同意。我也提到过，在听过成千上万人分享他们的故事之后，我意识到一个深刻的问题，那就是所有的痛苦都是一样的——我们只是选择了不同的方式来表达它，而且我相信，大家愿意分享自己的故事也是为了从彼此的痛苦中学到东西。因此，团体的消失和我们都感受到的社会孤立是所有人痛苦的根源。

○ 佩里医生：情感联系的中断就是一种疾病。我认为毛利长老是对的，自杀率的上升与我们的关系网络的破坏之间存在着某种关联。

由于屏幕技术的飞速提升，我们现在养育孩子和培养年轻人的环境既造成关系贫困，同时还带来感官过载。

● 奥普拉：我们都太依赖手机，甚至已经没有目光接触了。

○ 佩里医生：对。发消息、发推特、发帖子的人越来越多，但真正的对话却越来越少。

我们已经没有足够安静的对话时间，可以不受任何干扰地倾听别人。而这种互动能带来完全不同的人际关系质量和深度。人们都渴望有这种互动，但我们之中的许多人转向社交媒体去寻找，但社交媒体上的互动并不能满足我们的渴望。

与此同时，年轻人的自杀率，以及焦虑症和抑郁症的发病率正在上升。我们的文化是如此“先进”，我们拥有如此巨大的财富、如此强大的创造力和生产力，然而我们所有社会系统中的差异和不平等导致许多人被边缘化、被排斥，团体和文化的凝聚力也一直在被破坏。

我们可能有一个相当好的公共教育体系，我们可能有令人惊叹的技术，但我们仍然没有能满足孩子和我们自己基本的建立关系的需求。许多人感到空虚，想寻求连接，而他们的寻求方式往往非常不健康。

● 奥普拉：而且这种情况发生在所有的社会经济层面。财富似乎并不能让任何人免于焦虑或抑郁。

○ 佩里医生：确实如此。而且处于任何权力差异的底层，都会让生活变得更加艰难。如果你不是“同一阶层的人”，你就会被边缘化，找不到归属感。

正如我们前面谈到的，大脑会不断扫描社会环境发出的信号，让你知道自己是否有归属感。当一个人得到归属感信号——这些信号有很多是潜意识的——他的应激反应系统就会平静下来，告诉自己是安全的。他会感受到调节和奖赏。但是当他得到没有归属感的信号，他的应激反应系统就会被激活。遇到一个陌生人时，我们大脑中的默认信号就是“没有归属感”，特别是当对方不具备我们所熟悉的群体属性时，我们就会把这个人看作一个潜在的威胁。

● 奥普拉：来自“他者”的威胁。

○ 佩里医生：是的。想一想这对我们这个现代世界的影响。正如我们提到的，如果你生活在市区，你可能每天都会看到成百上千的陌生人，而你的大脑必须不断监测这成百上千的人：他们是朋友还是敌人？会帮助我还是伤害我？这会加重大脑的负担，消耗情绪带宽。生活在都市环境中的人早已学会无视他人，互不来往。他们可能从你身边走过，却对你视而不见，就好像你是隐形人一样。其实对他们来说，这只是一种自我保护的方法。

许多人都有这样的体验：在结束一天的旅行之后感到精疲力竭，即使他们所做的只是排了几次队，在飞机上坐了一段时间。有这样的感觉是因为你的大脑在不断监测成千上万的新刺激。请记住：即使只是在适度的水平激活你的应激反应系统，长时间的激活也会导致身体和精神上的疲惫。

因此，我们在现代社会中焦虑感不断增加，部分原因可以归结为新奇事物的不断轰炸——特别是社会新事物——以及缺乏能够与之抗衡的关系连接。

● 奥普拉：随着我们的世界不断延展，我们遇到的人越来越多，大脑因此变得不堪重负。

○ 佩里医生：是的，所以大脑将开始使用快捷方式来管理所有这些新出现的人。有趣的是，你的大脑只能管理数量有限的有互惠关系的人，这个数量是八十到一百人，根据我们之前说过的，这是一个大型狩猎采集部落的规模。

● 奥普拉：认识一个新的人需要大量的精力和时间，而我们的大脑中只有那么多的空间。也许这就是为什么变动会让人感到难受。

○ 佩里医生：是的。你离开了熟悉的地方，来到一个新的社区，你的大脑就需要不断尝试管理所有的新奇事物。如果你在新环境中没有任何真正的关系锚定，适应起来就会变得很困难。关系可以发展，但这需要时间。这就是为什么人们在发生重大转变后的前六个月里最容易受到伤害——离开安全、稳定和已知的环境以后，人们必须开始建立一系列新的连接。

想想你们学院的那些女孩，她们都是了不起的年轻女性，但当她们被带离原来的社会环境，进入一个全新的环境中，她们都表现出了脆弱，直到她们在新环境里重建连接。

● 奥普拉：这就是为什么我要为她们找到寄宿家庭，这样她们总能有地方可去，有一个让她们感到安全的空间。

○ 佩里医生：这是一个非常明智的做法，因为连接感能够帮助我们平稳过渡，在面对新奇事物的不断轰炸时进行自我调节。

● 奥普拉：现在没有了团体，人们会怎么做呢？他们开始依赖电子设备。客观来说没有什么问题，但终究只是一种空洞的连接。

○ 佩里医生：有时我会在社交媒体上看到一种近乎疯狂的尝试，人们想要通过加更多“好友”，获得更多“关注”和“点赞”来建立连接。似乎这样能带来强大的归属感，形成自己的小团体。但正如你所说，社交媒体的连接往往是空洞的。

● 奥普拉：因为在你生病、离婚或感到孤独时，那些社交媒体上的“好友”和“关注”你的人不会陪在你身边。沉迷社交媒体的人不会和邻居坐在一起聊天，在很多情况下，他们甚至不会陪伴家人。

我在回想你之前说过的话——情感联系的中断就是疾病。那么被孤立可以归类为一种新的创伤形式吗？

○ 佩里医生：我确实认为，在某些情况下，被孤立和孤独会使应激反应系统敏感化。从这个角度来讲，它们可以说是创伤性的。例如将某人单独监禁。另外，一个人在人生的哪个阶段被孤立也会有很大差别——这个可以参考我在监狱里见到的那个刚出生就被抛弃的女人。

我认为，将关系贫困——缺乏连接——视为一种逆境经历是合理的。关系贫困会破坏正常发展，影响大脑的工作方式，使你面临身体和心理健康出问题的风险。这对你来说绝对有害。

● 奥普拉：特别是对儿童。

○ 佩里医生：是的。我们都想成为团体中的一员，然而有这么多孩子被边缘化、被排斥、被霸凌。这可能是毁灭性的打击。遭到团体的排斥会对一个人产生深刻而持久的影响。

在许多方面，我们的社会关系贫困导致的结果是一种社会情感的饥饿。我们的孩子正在挨饿。

● 奥普拉：我想这对大多数人来说是一个很难理解的说法，因为在我们的现代文化中，孩子似乎拥有一切。你说他们在挨饿，具体指的是什么？

○ 佩里医生：嗯，营养有不同的形式。我们的西方文化对一件事一直缺乏理解，那就是触摸对我们身体和心理的成长有多么强大和重要的力量。

● 奥普拉：这个说法很有意思。

○ 佩里医生：触摸对于身体和心理的健康就像卡路里和维生素一样重要。如果婴儿没有被拥抱和轻轻摇晃，如果他们没有体验过照顾者充满爱与温暖的触摸，他们就不会健康成长。事实上，他们甚至可能会死亡。

● 奥普拉：真正意义上的死亡吗？

○ 佩里医生：是的。我们社会中的许多人，包括儿童和青少年，都有一种“肌肤饥饿”。触摸的健康意义并没有得到很好的理解。实际上，在我们的学校里，那些跑过去要拥抱同学或老师的小朋友，经常会被告知不要碰别人。反过来老师和其他照顾孩子的人也被禁止触摸孩子。但是对于一个三四岁的孩子来说，八个小时无触摸，不拥抱，不和别人玩耍嬉戏，这根本就是不健康的。

● 奥普拉：有一件事很困扰我，很多难民家庭到达墨西哥和美国边境以后，父母不得不在那里与他们的孩子分开。美国儿科学会的前负责人科琳·克拉夫特说，那里的护理人员被禁止触碰这些孩子，这让她非常吃惊。婴儿在尖叫和哭泣，而护理人员被告知不许触碰他们，只能不停地给他们玩具。我相信一定有办法可以让孩子们得到健康的触摸，同时又能保护他们免遭不必要的触摸。

○ 佩里医生：这是一个典型的例子，有些政策建议的出发点是好的，但提出政策的人对儿童心理发展了解甚少。这个政策本来的目的是尽量减少不适当的触摸或可能的虐待，保护儿童，同时也保护工作人员免受任何子虚乌有的指控。但是在受到良好监控的环境中，可以用合理的手法，对孩子进行健康的触摸，而不是采用全面“无接触”的规则。

这是我们的文化中一个常见的趋势：我们容易过度反应；我们只优先考虑方便、短期的解决方案；我们倾向于规避风险；我们用物质而不是情感关系作为奖励。“这里有玩具。你如果很乖，我们就给你一个。”给玩具代替了安抚性的触摸，这是一种被误导的行为，这是对发育的无知，对创伤的无知，也是我们的社会系统亟须改进的另一个例证。

● 奥普拉：当我听说这件事的时候，我哭了。我们确实需要做得更好，了解得更清楚。我们应该知道人与人之间的接触是健康的。我们应该知道花在屏幕前的时间不可能取代朋友、老师、教练和父母。

○ 佩里医生：我要再次强调，我们发明的速度远远超过了我们理解这些发明的影响的速度。电视、电子游戏、手机、电脑——这些都是很新的东西。我们还不太了解这些设备对发育中的大脑有怎样的作用，会如何影响我们的孩子思考和处理体验的方式。但我们已经开始了解到，在屏幕前待上十一个小时会对社交能力的发展产生破坏性影响。我们在家庭聚餐或与朋友交谈时，都曾感受过短消息和电话的破坏性影响，还有在学校听课或工作会议期间上网造成的分心。

● 奥普拉：我听你用过“技术卫生”这个词。我喜欢这个说法。你能解释一下它的意思吗？

○ 佩里医生：关于我们的新技术，以及使用它们的时间和方式，我认为我们需要发展出一套有社会实践性的规则。一直以来，我们在创造出新技术的同时通常也要创造相应的新规则。

以目前的卫生实践为例。在医学史上，人类最重要的进步之一是认识到疾病、微生物和污水之间的关系。外科医生曾经不洗手就去做手术，这在今天的我们看来是不可思议的；过去人们会随地大小便，居民会将污水直接倒入饮用水源。但随着我们对细菌、感染和疾病的了解，我们意识到我们需要更好地管理与之相关的一切事务，由此发展出一系列的卫生政策。我们让孩子们学会在卫生间里大小便。我们在上厕所后会洗手。我们让污水和饮用水分离。

我认为我们需要同样的通用规则来规范我们的技术使用。比如设置无手机区和无手机时间，规定屏幕时间的适当“剂量”和间隔，等等。举一个例子，我们知道，对幼儿来说，不间断的屏幕时间不利于语言技能、注意力和专注力的健康发展，因此美国儿科学会已经对此提出了年龄和时间限制建议。随着我们在这方面的了解逐渐增多，我们可以继续完善和修改其中一些“卫生”建议。

● 奥普拉：是不是两三岁以下的孩子甚至不应该看平板电脑或屏幕，因为这不利于大脑的发育？

○ 佩里医生：这也不是最佳方案。

● 奥普拉：为什么这么说？

○ 佩里医生：我们大脑的组织方式使我们更偏重视觉。虽然我们有多种感官，但视觉往往是占主导地位的。图像可以唤起强烈反应，因为我们的大脑对色彩鲜艳和移动的视觉内容有偏好。当屏幕上的内容同时具备这两个要素，观众的注意力就会被吸引。

这不一定是坏事。除非屏幕内容过于令孩子愉悦，过于吸引他的大脑，以至于孩子完全沉浸在屏幕上，忽视了其他刺激性较小、不那么强烈的感觉输入。一个被屏幕吞噬的婴儿或幼儿会错过其他理解世界的关键形式。他也应该探索触感、气味和味道，应该利用所有的感官工具来理解世界。

你注意到婴儿或幼儿总是喜欢把东西放进嘴里吗？他们是想要感觉紫色的花是什么味道。他们在理解这个世界。但是，如果一个孩子一天中有75%的时间是在盯着屏幕，而不是触摸、感觉、活动或与其他人类互动，那么他基本上无法充分发育大脑的关键区域，而这些脑区在那个生命时期正在快速组织。

教孩子语言的最好方法不是把他们放在屏幕前，而是与他们交谈。如果你用心观察儿童的语言习得过程，你会发现会话的流畅性取决于孩子在有来有往、充满互动的对话中说了多少个字，而不是从电子设备上听到了多少个字。

● 奥普拉：我们希望儿童与其他儿童和成人建立现实生活中的连接。正如你所说的，只有获得了许多刺激机会，大脑中的共情系统才会发展起来。

○ 佩里医生：因此，在理想情况下，如果一个孩子在一个关系富足的家庭中成长，有很多安全、稳定和充满支持的互动机会，他就能建立起连接感和复原力。这是我从原住民长老那里学习到的对所有传统育儿方法和疗愈方法的核心理解。

他们认为人类之间的连接是重要的，这也反映了我们当今世界遗失的智慧。颇为讽刺的是，被我们的现代世界边缘化的文化，恰恰具有疗愈我们现代困境的智慧。

第十章

现在我们需要什么

当我们强迫自己掩盖事实，逃避过去时，这些秘密会成为永远的创伤，一座囚禁自我的监牢，这丝毫无助于减轻痛苦。你握紧秘密，秘密也会紧紧扼住你。你一直背负的苦痛，你内心深处的羞耻感，都来自你深藏心底的秘密。

我们越是否定自我，就越是无法与过去和解，而对抗过去将消耗我们巨大的能量。如果我们不允许自己为从前的经历悲伤，我们就注定要不断重温这些创伤。

● 几年前，我在托妮·莫里森的小说《宠儿》[1]改编的电影《真爱》中扮演塞丝这个角色。

塞丝曾经是一个奴隶，她女儿“宠儿”的可怕死亡一直纠缠着她。在影片中，宠儿回到了塞丝身边，转世为塞丝收养的一个残疾儿童。在她的余生中，塞丝一直在向宠儿忏悔，她们的关系也变得越来越纠缠不清。

有一天，我们正在拍摄一场塞丝哄宠儿入睡的戏。导演乔纳森·戴米给我的唯一指示是：“好，现在给她盖好被子。”

于是我走到床的每个角，把被子折好，塞到床垫下面。

“停，”乔纳森在摄像机后面大喊，“奥普拉，你没有给她盖好被子。”

---

1 《宠儿》（*Beloved*）是美国著名作家托妮·莫里森（Toni Morrison）的作品，取材于一段真实的历史。作品令人触目惊心：女黑奴塞丝在携女逃亡途中遭到追捕，因不愿看到孩子重又沦为奴隶，她毅然扼杀了自己的幼女……十八年后奴隶制早已废除，而被她杀死的女婴还魂归来，以自己的出现日夜惩罚母亲当年的行为，往事的梦魇一刻也不曾停止过对塞丝的纠缠。——编者注

我特意又重复做了一次，把被子的每个角都塞到床垫下面。

“停！”乔纳森向我走过来，“你在做什么？”

“我在给她盖被子。”我感到既恐惧又尴尬，但我不知道是为什么。

“你这是在铺床，”他说，“不是在哄你女儿睡觉。”

在那一刻，似乎有什么东西重重击打了我一下。我注视着乔纳森，低声说道：“我不知道你说的‘盖被子’是什么意思，我不知道怎么表现。”

最后我们都明白了是怎么回事。乔纳森耐心地教我如何给女儿轻柔地盖上被子，掖好被角。当我们一起在床边来回走动试镜时，我突然感到悲从中来。

我不记得曾经有人给我盖过被子。

我从来没有感受过，有人带着那样的爱意给我盖好被子。

那一定就是母亲的爱。

几年后，我和我的朋友乌拉尼娅还有她的小女儿凯莉在厨房里。乌拉尼娅问凯莉是否想吃点东西。“好啊！”凯莉说。

乌拉尼娅走到冰箱前，拿出一些草莓，把它们洗干净，又拿起一把刀，开始切片。我能看出她以前这样做过很多次。她熟练地操作着，用刀子将草莓刻成一朵精致的玫瑰。“草莓玫瑰！”我惊叹道。乌拉尼娅小心翼翼地把美丽的草莓放在盘子里，递给女儿。看着看着，我的眼睛里充满了泪水。她的温柔让我的心突然感到一阵剧痛。

我再次对自己说：“那一定就是母亲的爱。”

我和我母亲的关系很复杂。正如我前面提到的，我人生最初的六年是和我的外祖母一起度过的。在那段时间里，我对我的母亲没有印象。

当我的外祖母生病时，我突然被送到密尔沃基，与我母亲一起生活。这不是一次愉快的母女团聚。我能感觉到我并不受欢迎。

我到达密尔沃基的那天晚上，我母亲的房东米勒夫人看了我一眼，说："她得睡在门廊上。"米勒夫人的肤色很浅，几乎可以被当成白人。她是这样说的，她不打算让这个"卷毛头的黑孩子"留在房子里。

我母亲说："那好吧。"

除了我外祖母的床，我从未在别的地方睡过。在封闭的门廊里，我可以听到大街上传来的噪声。当我看着母亲关上房门，走到我本以为自己会睡在上面的床旁边时，我被一种可怕的孤独感吞噬，泪流满面。我想象着会有一个强盗把我从门廊上劫走，或者有人破窗而入，将我掐死。在母亲家的第一天晚上，我跪在地上，向上帝祈祷，希望他派天使来保护我。

当我早上醒来时，恐惧已经消失了，但入睡时的不安全感依然留在我余生中的大部分时间里。有一种认知充塞了我的心灵：在六岁的时候，我觉得我是孤独的，除了上帝之外，没有人会关注我。

先是痛苦，然后就是解决痛苦，这成了一个无限循环，不断重复。我相信，从某种意义上说，它是贯穿我生命的一条主线。儿时经历过的挣扎使我能够理解和关心他人的痛苦。那时我渴望得到他人的接纳，我相信这也是其他人热切渴望的。成千上万的人有勇气与我分享他们的故事，因为他们的故事就是我的故事。他们的痛苦就是我的痛苦。因为所有痛苦都是一样的。

——奥普拉

● 奥普拉：在许多美好的故事里，人们说他们能够打破家庭虐待和创伤的恶性循环。那么，是否真的有可能阻止这种经历的负面和有害影响传递给下一代？

○ 佩里医生：有一点必须要澄清，大多数被虐待的人不会以同样的方式去虐待别人。另一方面，我们也越来越清楚，被虐待过的人几乎都有某种形式的适应能力，这影响了他们与其他人的相处方式。这不一定是病态的，但它的确会影响你建立和维持关系的方式。

这又回到了我们之前的话题——为什么有些人似乎会主动寻求虐待式的关系？我们的大脑和我们的心智会把我们拉向熟悉的模式，即使这些模式是不健康的。人们最终都会重复以前的不健康模式，而且往往无法意识到这一点。很多时候我们周围的人会比我们自己看得更清楚。

● 奥普拉：是的，只有你意识到这一点，才会真正做出改变。我小时候以为，如果我想成功，就只能靠自己。没有人会为我搭建你所说的脚手架。但多年来，确实有一些非常特别的老师认为我有潜力，愿意花时间来培养我。这一点你也讲过。哪怕只有极少数的人能从新的视角关注到你，并花时间来帮助你，结果就会有所不同。我的老师们没有接受过创伤知情教育，而现在很多人都有了这方面的知识，你们开创性的工作已经在世界上引起连锁反应，是否会有更多的人有希望得到疗愈？

○ 佩里医生：我觉得比二十年前更有希望。我职业生涯的大部分时间都努力想要更好地理解和帮助遭受创伤的儿童、青少年和成年人。

对我们来说，当我们最终能够将复杂的神经科学转化为对临床工作有用的模型时，就是重大的进步。

神经序列模型使我们能够再现个体大脑的组织构建过程。基本上，它就像对一幢房子的检查。通过询问房子的建造历史——“你经历了什么”——我们能把注意力集中在最有可能出现的问题上。就好比如果我们知道了房子地基的水泥没有凝固，或者水管管道的布线错误，就可以大概判断会发生什么状况。

一旦我们知道问题产生的来源，我们就能更好地理解并解决它。如果将大脑比作房屋，那么在一个复制了这幢房屋最初构建过程的序列中，我们可以制订一个“重建/改造”计划。找到问题所在，我们就能提供教育和治疗方面的经验，启动和重组因为曾经被忽视，因为逆境经历和创伤而受到影响的神经系统。我们就能清楚地了解可以提供什么帮助，什么时候提供，选择什么样的治疗方式以及治疗顺序。

我们还有很多东西要学，但我们也很乐观。从神经发育和创伤知情视角出发的临床和教育服务，已经让超过二十六个国家的数十万儿童、青少年和成年人受益。

回想一下迈克·罗斯曼，当我们最终开始采用自下而上的方法，帮助他调节敏感的核心调节网络时，那可以被看作神经序列模型方法的测试版——按照适当的顺序解决大脑的问题，先集中解决低层脑区的问题，再转向高层脑区。

● 奥普拉：正如你所说的，调节，连接，理解。

○ 佩里医生：我再来举一个更详细的例子来说明这个方法的作用。

大约二十年前，我们接到请求去看一个叫苏珊的女孩。她两岁时被收养，那时已经七岁了。她的行为让她的父母、老师和心理治疗师都感到极度困扰。

苏珊两岁被收养时还不会说话，睡眠也有问题，会长时间闹脾气，好像被施了咒语一样死死盯着某个地方，有自残行为，如抓挠脸和身体，直到流血。随着她年龄增长，物理治疗师和职业治疗师[1]、辅导员、心理健康专家、校内助理、儿童行为发育科医生、心理学家和精神病学家都参与了对她的护理。五年时间里，她的诊断标志和治疗方法不断变化，却收效甚微。

苏珊在她的生命早期深陷逆境，只有极少的关系连接。如果将她的大脑看作房子，那么这幢房子的地基非常薄弱，一碰就碎。她出生时，身边只有一位心理健康有问题的单身母亲——她母亲四岁的时候就被带离了自己的父母，在多个寄养家庭中度过了整个童年和青年时期。十八岁时，她离开了寄养体系，开始独立生活。她很快就怀孕了，却没有能力照顾苏珊。儿童福利机构在苏珊四个月大时将她带走，并终止了她母亲的抚养权利，苏珊成了国家监护儿童。这种形式的跨代创伤在我们儿童保护中心中并不少见，许多儿童都因此深受影响。

苏珊从母亲身边被带走以后，在庇护所生活了两个月。然后，在她最终被收养之前，她连续在三个寄养家庭中生活过。可以想象，对于成年人的安全感和可信赖度，她会有怎样的世界观。她的大脑的房子一次又一次被打断了建造进程。电线、水管和框架都

1　物理治疗师帮助恢复病人的运动功能，职业治疗师通过帮助人们参与工作、学习、娱乐等职业活动，促进其健康和安适。——编者注

在两年时间里受到了各种不可预见和不可控制的极端应激反应系统激活作用的影响。毫不意外的是，她有典型的敏感化解离系统的症状。她的自残行为，正如我们之前谈到的，是一种调节自己的尝试。

在面对不可避免的痛苦和悲伤时，她进入解离状态，因此才会“好像被施了咒语一样死死盯着某个地方”。她的应激反应的唤醒要素也被敏感化了（见第三章，图五）：她的闹脾气相当于幼儿的战斗或逃跑反应。这是一个充满恐惧的、困惑的、发育迟滞的孩子。

现在，苏珊的一部分问题是：教育和心理健康系统——当然还有她的养父母——都把苏珊看作一个七岁的孩子。虽然她在年龄上已经到了七岁，但她的发展阶段却不是七岁。她只有婴儿的社交能力、两岁幼儿的调节能力、三岁幼儿的认知能力。家长、老师和心理治疗师却一直试图跟她讲道理，向她解释规则，并尝试探索她做这些“反常”的事情的原因。他们已经尽了最大的努力，但他们并没有从苏珊的过往经历中预见到她的大脑功能的状态依赖和发展挑战。

我们的神经序列模型使我们能够创建一个从基础开始的治疗蓝图。这个基础就是苏珊大脑的底层部分。她有明显的感觉统合[1]问题——她不能忍受被触摸；当房间里有一个以上的人在说话，她就会崩溃；她也受不了皮肤接触某些纺织品；她还总是把自己

1　感觉统合指大脑和身体相互协调的学习过程，指机体在环境内有效利用自己的感官，以不同的感觉通路（视觉、听觉、味觉、嗅觉、触觉、前庭觉和本体觉等）从环境中获得信息输入大脑，大脑再对信息进行加工处理（包括：诠释、比较、增强、抑制、联系、统一），并做出适应性反应的能力，简称“感统”。——编者注

埋在成堆的枕头和毯子下面，除此之外还有很多。所以我们首先创造了一套可预见的和模式化的感觉系统体验：我们给她使用加重毯[1]，逐渐引入治疗式按摩，由受过创伤知情训练的职业治疗师提供丰富的“感官大餐”。在这一阶段，我们没有重点关注苏珊与同伴相处的问题，在课堂上无法集中注意力的问题，还有她的抑郁症状和情感爆发[2]问题，甚至是她的语言问题。我们需要按顺序进行治疗，从较低层级的脑区开始，其他那些问题，我们会在治疗过程的晚些时候处理。

神经序列方法的一个关键措施是帮助家长、教师和临床医生了解阶段和观察状态。这意味着我们要帮助他们了解孩子的实际发展能力是什么，了解他们实际所处的发展阶段，而不是根据他们的年龄来判断。我们想帮助他们认识到孩子大脑功能的状态依赖，提示他们注意观察：“这个孩子现在处于什么状态？在这样的状态里，他能不能有效地‘听到’我对他说的话，接受我要教给他的东西？”

令人惊讶的是，我们经常忽视这一点。正如我们所讨论的，如果孩子处于失调的状态，他就不可能对新的学习或体验持开放态度。如果你此时仍然要求孩子集中注意力、保持专注、用功学习，孩子和你在一起就会失去安全感，这会破坏你们之间的共情纽带，而这正是

---

1 在美国职业治疗领域一直流行一款被称为“加重毯”的产品，其主要特点就是毯子施加在人身体上的重量要超过人体体重的10%。调查研究显示，加重毯有普遍的缓解焦虑、放松心情的效果，还能提高睡眠障碍者的睡眠质量。——编者注

2 情感爆发又称分离性障碍，即在受到精神刺激后哭闹不休以宣泄委屈，表现夸张做作，严重者会捶胸顿足、号啕大哭、撕衣毁物、撒泼耍赖、滚地撞墙，有些人会表现出威胁性的自杀姿态等。——编者注

能够让孩子改变的良机。因此，当孩子处于无法学习的状态，请避免对他进行教学、辅导和讲道理。如果你因为孩子不听你的话而感到懊恼、不受尊重和气愤，请把注意力集中在当下，并调节自己。你可以离开一下，让自己冷静下来，这样你才有机会提取你的大脑皮质存储的信息，记住帮助孩子进行调节的方法。这样你们的良好关系才会继续下去。

我们对苏珊的治疗持续了四年，她取得了缓慢但稳定的进展。为她采取的主要治疗技术从感觉系统到节律和调节（包括与治疗犬共处），再到建立关系，最后到认知行为治疗（如创伤聚焦的认知行为疗法）。有趣的是，我们最终又使用了许多之前在苏珊身上完全失败的治疗方法。这些方法并没有什么本质性错误，只是它们使用的时机不对，对当时的苏珊是无效的。神经序列最核心的要素就是顺序。大脑的发育、处理感觉输入，以及疗愈都需要遵循顺序。

治疗过程结束时，苏珊已经在普通班上课了，学习能力也达到了正常水平。她交了几个朋友，不再有情感爆发和自残行为。她的解离调节方式也过渡到了更健康、更被大众接受的方式，比如阅读、艺术和戏剧。她正在发展自己的共情能力，对人更加友好。她的养父母也不再感到心力交瘁。

● 奥普拉：这个案例告诉我们，无论经历了什么，一个人都有机会重写自己的剧本。

○ 佩里医生：没错。永远不晚。每个人都有疗愈的可能，关键是知道这个过程从哪里开始，并与人的发展需求相匹配。

● 奥普拉：我还记得我和贝琳达·皮特曼·麦吉的谈话，她在密尔沃基经营尼娅·伊马尼中心，那里会为无家可归的孕妇或有年幼子女的母亲提供长期过渡性住房。贝琳达说，来到她们中心的女性通常有行为障碍，如性情暴躁或不能胜任工作，因为她们都是在创伤环境中长大的。当贝琳达开始给她们讲关于创伤的知识时，她们才明白自己的情绪失控和不当行为原来都与她们“经历了什么”有关。当你给自己贴上“有问题的”或“令人讨厌的”标签，并且相信这就是你的命运，这种意识本身就会改变你的人生。

○ 佩里医生：我已经数不清有多少人，当我向他们解释大脑是如何工作的以及为什么会这样工作，他们听了之后如释重负。我不会给他们贴上“精神病”的标签，我只是告诉他们：这是你的大脑组织方式，基于“你经历了什么”，这都是绝对可以预见的。然后我会帮助他们理解大脑是易受影响的，是可塑的，是可以改变的。我们还会一起设计方案，帮助他们改变那些导致他们出问题的系统。

● 奥普拉：也就是说，我们要认识到“我所经历的一切让我有了这样的感觉。而且这样的人并非只有我一个。我有这种感觉是合情合理的”。如果你是有三个或四个孩子的母亲，劳累过度，而且有创伤史，那么当你努力独自扛起这些重担时，肯定困难重重。你的健康正在以你自己都不知道的方式受到损害。

我们还要意识到，你之所以感到如此不堪重负，是因为你没有找到一个好的方法来调节自己。这就是为什么回馈自己是如此重要。

如果不调节好自己，又怎么能有效率地育儿和工作？

○ 佩里医生：这一点非常重要。经常有人请我们去帮助那些受到虐待或创伤的儿童和青少年，或在发生创伤性事件后为社区提供咨询服务。而当我告诉人们，我也需要帮助这些成年人，他们会感到很困惑。仔细想想，如果这些和孩子一起生活、负责教育和治疗孩子的成年人自身都没有调节好，他们就不可能以共情和调节良好的状态陪伴孩子。而正是这些高质量的陪伴时刻，对孩子们起到了调节、奖赏和疗愈的作用。如果我们只是治疗孩子，却没有满足成年人的需求，我们的工作将收效甚微。这是所有创伤知情治疗最重要的原则之一：你必须先帮助那些治疗儿童和青少年的一线人员。

这种治疗焦点的转移对我们的一些社会系统是具有挑战性的。例如，在儿童心理健康系统中，“病人”就是儿童。该系统没有专门的资金用来支付给临床医生，请他们把时间用在孩子的老师、教练，甚至是父母身上。这种做法是很短视的。我们知道，一个失调的成年人无法调节失调的孩子。一个疲惫、懊恼、失调的成年人无法调节任何人。

正如你所指出的，如果你不能回馈自己，你就不会成为一名出色的教师、领导者、主管、家长、教练……关爱自我是极其重要的。遗憾的是，许多人对照顾自己会感到内疚。他们认为关爱自我是自私的行为。这不是自私，这是必不可少的。请记住，无论你是父母、教师、教练、心理治疗师还是朋友，你帮助其他人改变的最主要的工具就是你自己。人与人之间的关系是改变的关键。

● 奥普拉：我们必须先照顾好自己，这样我们才有能力给予。我们中的许多人都经历过创伤或逆境，因此认识到这一点尤其重要。如果没有我的创伤，我就不会成为现在的我。既然我拥有它，我就要承认它。而且通过这样做，我相信我已经找到了一种利用它来为他人服务的方法。同理心、共情和宽恕，这都是创伤带给我的礼物，在每一次抉择、每一次遭遇后推动我继续向前。

○ 佩里医生：是的，在这里我还要提一下创伤后的智慧。当你从逆境中活下来，你来到了生命中的一个节点，在这个节点，你可以回顾、反思、学习，从经历中成长。我相信，如果一个人没有经历过逆境，他就很难理解人类。逆境、挑战、绝望、失去、创伤——所有这些都可以促使一个人产生强大的共情力，变得更有智慧。在某种程度上，创伤和逆境是一种礼物。而我们用这些礼物做什么，将因人而异。

● 奥普拉：你说得真好。我小时候一直想活得像《反斗小宝贝》（*Leave It to Beaver*）[1]里演的那样。那就是我理想中的家庭生活——家里有牛奶和饼干，妈妈和爸爸在一起，还有电影里的一切。但是，如果我真的像自己想象的那样，在那个时刻拥有我想要的一切，我就不会进化成今天的我。

○ 佩里医生：我也有同感，确实如此。不过，智慧的代价可能非常

---

1 《反斗小宝贝》是由安迪·卡迪夫执导的家庭喜剧片，讲述了一个美国中产阶级家庭的故事。——编者注

高。而且对许多人来说，痛苦永远不会消失。智者总是优雅地负重前行，这样做是为了保护别人不受他们痛苦的情绪影响。

● 奥普拉：这让我想到了安东尼·雷·辛顿，这个人因为莫须有的谋杀罪名在死囚牢房里服刑三十年。在他服刑的前三年，他什么话都不说。他感到非常绝望和凄凉，他说那时他觉得上帝夺走了他的声音。使他得以生存下来的是他的解离能力。他依靠自己的想象力，赋予自己各种经历：他参加了温布尔登网球赛，赢了五次；他打过NBA；见过英国女王；与哈莉·贝瑞[1]结婚——这一切都是他在大脑中完成的。

○ 佩里医生：解离是他的超能力，用来保护自己，在不可控制、无可逃避的监禁之苦中生存下来。

● 奥普拉：然后他找到了把坏事变好事的方法——这就是你所说的智慧和优雅。他开始与其他死囚交流，还说服监狱长让他们成立一个读书俱乐部。他认为其他死囚不知道如何像他那样在大脑中旅行，但书籍可以帮他们做到。他希望他们能找到一个方法开始疗愈自己，就像他疗愈自己那样。

你知道吗？在我们谈话的整个过程中，我一直在回想多年前我和伊雅娜·范赞特做的一个节目。她说，如果你不治愈过去的伤口，你就会继续流血。伤口会通过酒精、毒品、性行为、过度劳累等流血，污染你的生活。你必须有勇气露出伤口，疗愈自己。

1 哈莉·贝瑞（Halle Berry），美国女演员、导演、制作人。——编者注这也是我希望每个人都能从我们的谈话中学到的东西。我们必须了解并疗愈过去的伤口，然后才能继续前行。

○ 佩里医生：我不禁在想，不仅仅是个人，一个社会也是如此。如果不正视我们的群体性历史创伤，我们的社会怎么能走向更人性化、更公正、更有创造力和生产力的未来？无论是我们经历的创伤还是我们造成的创伤，如果我们真的想了解自己，我们就需要了解我们的历史——我们真正的历史。因为我们过去的残留情感会一直跟随着我们。

● 奥普拉：这很难，除非出现一个引爆点，让我们意识到，作为人类，我们对自己做了什么，真正的人类状况是怎样，创伤又如何影响了我们。那时候我们才会意识到，我们需要做一些不同的事情。

○ 佩里医生：核心要素是意识加上连接。这两者结合在一起，才能形成一个创伤知情的群体。

● 奥普拉：我认为这就是当前世界真正需要的东西。当你能够真正“看到”另一个人时，才会对他有真正的共情。将你的共情传达给另一个人，将会改变我们关系的本质，改变我们整个群体和我们的世界。一个人对另一个人的认可是我们的纽带。学会问他人“你经历了什么”将会扩展人与人之间的连接。

○ 佩里医生：我们很容易气馁，被困难压倒，我们的社会中还存在很多问题，我们会因为各种不平等现象而意志消沉，我们发现逆境和创伤无处不在。但是，如果你读过历史，你就会意识到，人类总体的发展轨迹是正向的。我们的世界有这么多善良、有能力、有创造力的人。我们是一个好奇的物种。我们将继续发现、发明和学习。我们可以让我们的世界成为一个对所有人都更安全、更公正、更人性化的地方。

结语

○ 这个年轻人站在齐腰深的游泳池里，正在为老人们上水上健身课。他穿着一件印有养老社区标志的蓝色T恤，脖子的挂绳上有一只哨子和一个很大的名牌。我看不到名牌上的名字，但我认识他——杰西，第三章里讲到的那个年轻人。我上一次见到他是十年以前，那时他正躺在医院的病床上昏迷不醒。

我透过窗户，看着杰西热情地带领养老社区的八位老人完成他们的训练。他微笑着走到一位又一位老人身边，纠正他们的姿势，耐心地帮助一位女士摆正肩膀。很明显，老人们喜欢他，他也喜欢他们。他很开心，他们也很开心。他属于这里。

我最初对杰西进行评估，是为了向另一个州的一个临床团队提供咨询意见。最初的面对面咨询是在杰西仍处于昏迷状态时进行的，之后我继续跟踪他的进展，并远程从他的治疗团队那里获取消息。一个多月后，杰西醒了。起初，他有严重的脑损伤迹象，但慢慢地，他的脑功能绝大部分都恢复了，只有长期记忆的某些方面还有问题，特别是陈述性记忆。对于自己昏迷前的生活，他的自传体记忆只是一些无序的碎片。当被问及人物、地点和事件时，他根本记不起来。神经病学小组认为这与他的脑损伤有关。我见过多个创伤后失忆的案例，但我对杰西的情况并没有那么确定。我的建议是暂时不考虑这个问题，先让杰西恢复行走、说话、活动和社交能力。我们对他的记忆追踪也先集中在短期记忆能力上。最重要的是，我们要把他带到一个安全、稳定、充满支持的地方，这是他人生中第一次进入这样的生活环境。

最初，根据他的康复计划，杰西需要一个能满足他特殊需要的安置环境。团队中的社工比我头脑灵活，他建议把杰西安置在当地的一个养老社区，那里有多种不同的生活环境，从独立式公寓到宿舍式单人房，再到更传统的康复治疗床位，那个社区全都有。该社区的几位高级工作人员在社区中有自己的住房，作为他们工作报酬的一部分。提出这个建议的社工的伴侣就是那些工作人员之一。他们两个人一起住在养老社区，并且他们同意“收养”杰西。那是一个真正的社区，有多栋建筑、一个花园、一个带游泳池和运动室的健身房、一座图书馆、理发店、几家餐厅和一家咖啡馆。这种安置方式真是天才的想法。

杰西搬进那个社区以后，立即得到了工作人员和社区居民的欢迎。虽然一开始他是在家上学，但不到一年时间他就能走到街上，去上公立学校了。他能够很好地应对学校的功课，在家里和学校都没有行为问题。只是虽然他交了几个朋友，却很难与同龄人非常亲近或相处融洽。他的同龄人都喜欢他，但没有人真正接纳他。和他关系最好的是他的养父母和社区中的老年居民。他开始担任搬运助手，帮助老年居民们在社区各处活动，也为他们的各种小事跑腿。他学会了开车。十八岁时，他被允许搬到他养父母家旁边的一个独立寓所中生活。他高中毕业了。现在，二十三岁的他在法律上是独立的，但仍然与他的养父母有联系，被当作他们家庭中的一分子。他在社区大学兼职，专攻体育课程。他有志于成为一名物理治疗师。在那个养老社区，他已经晋升为康乐主任助理，他的报酬里还包食宿。他已经找到了安全、稳定和能够支持他的家。在他的社区里，成千上万个看似散乱的治疗时刻正在帮助他疗愈自己。

我不时会从同事那里得到他的最新消息。我仍然想知道杰西的记忆有没有恢复。他有一个可怕的童年，在那段人生中遭受了多种形式的虐待以及关系上的背叛、忽视和不断恶化。然而，当他从脑损伤中恢复过来时，他并没有冲动和攻击行为，也没有注意力不集中和对他人的敌意。虽然他对某些唤醒线索有生理反应，但他没有创伤后应激障碍或其他容易观察到的创伤相关症状。他的情绪和行为没有出现任何过激反应，所以无论是他身边的成年人还是他自己都认为他不需要接受心理健康方面的帮助。

安德森医生是他的神经科医生，这些年一直在为杰西治疗。我要去杰西所在的城市时，问了问他杰西的情况如何。他建议我亲自去看看，还替我问了杰西，是否愿意与我共进午餐。

“你不会记得我，杰西，”我和杰西见面时说，“你的脑部受伤时，我是与安德森医生合作为你进行治疗的人之一。谢谢你同意和我见面。”

他笑了笑，向我伸出了手。“谢谢你把我救回来。”

我们走进自助餐厅，排队选好午餐，然后坐下来开始随意地聊天。他问起了得克萨斯；我问起了他的学校。我们就这样一问一答，直到他礼貌地问：“你来这里是为了分析我吗？”

我开玩笑地回答：“不，如果你要我做分析，你就要付费了。”

他微微一笑。我们互相看着对方，那一刻很安静，我们彼此有一种心意相通的感觉。

“不过，我确实想知道你还记得什么。”

他的脸上慢慢地浮现出一阵忧伤，随后他低下头，仿佛在凝视一个充满了某种痛苦记忆的空间。好在餐厅里的各种声音掩盖了这一刻的尴尬。

一位老妇人走过来，在杰西的额头上吻了一下。“谢谢你的花，”她说，“它们让我度过了美好的一天。”

这一举动打断了他的凝视。那个活泼的、面带微笑的杰西又回来了。“我知道你会喜欢它们。今天下午我们去花园再摘一些吧。”

老妇人离开以后，杰西似乎有些尴尬。不是因为他与老妇人的交谈，而是因为先前那一刻的悲伤。“你刚从脑损伤中恢复时，安德森医生说你没法记起童年时的事情了。”我主动说道。

杰西耸了耸肩。“我真的不愿意去想那些事。”

“如果你不愿意，我们就不谈这些，杰西。”

“没关系的。我只是不愿意去想它，不愿意给任何人增添烦恼。”

“我理解。你可能知道，我治疗过许多人，有儿童也有成年人。他们都有过可怕的人生经历。而他们之中的每一个人都在帮助我更好地理解如何帮助他人。所以，如果你准备好了，我很愿意向你学习。”我说话的时候，他仔细地看着我，“你的生活有个艰难的开始，杰西。但现在，你在这里，那些事已经过去了。你在求学，有一份很好的工作，有很好的人际关系，你看起来很快乐。我觉得你可以教我很多东西。”

“我有时确实很难入睡。”

我点了点头。

“睡不着的时候，我就起来锻炼身体，去跑步。这确实有帮助。

而且我面对太多人的时候会非常紧张。每当我出去时间太长，就真的很想回家。”

“但你在这里会一直和人们在一起，杰西。”

“是的。这倒是真的。不过我不太喜欢和年轻人、孩子在一起。他们太吵了，太狂躁了。”

在那一刻，我意识到他的许多唤醒线索来自童年时的感官刺激。孩子的声音、气味、游戏、动画片、食物，以及其他许多东西。但他的童年充满了威胁，以至于当他的大脑在努力理解这个世界的时候，将他那狭小的、充满虐待的世界中的几乎所有东西都与威胁联系起来。但他的新生活，他被重置的人生，是在一个老年人的世界里。在养老社区的感官体验，与全是孩子的课堂和青年社团完全不同。在这两种环境里，活动的类型、速度、声调、气味、图景、时间安排，甚至人们喜好的音乐和电视节目——所有一切都是不同的。这里的关系互动也是不一样的，与他童年时期经历的互动更多处于平行状态，很少能唤醒他那时的记忆。对杰西的这种安排真是太棒了，我之前都没有想到过。在这种环境里，使杰西失调的诱因要少得多。他在这里能够得到更适度、更可预见和可控制的体验。他对互动有更多的掌控——他要为老人们推轮椅，老人们都很依赖他。随着时间的推移，他能够建立一个全新的“安全和熟悉”的记忆目录，为他的疗愈提供了基础。在这里十年的稳定生活，成千上万次积极的、疗愈性的互动使他逐渐成长。

“所以，你丢失的那些记忆……？”我问他。

他看着我，带着一丝苦乐参半的微笑。“我几乎什么都记得。”

“嗯，我猜到了。这么多年来我学到的一件事就是，你经历的一切不会凭空消失。那些童年经历会在很多方面影响你。不过，我们也有疗愈的办法。所以，如果你的记忆对你造成了困扰，或者让你感到困惑不安，请尽快联系我们。我们有很多方法可以帮助你更轻松地承受创伤。”我给了他我的名片。

午餐结束后，一群老太太拉着他赶去下一个锻炼课程——升级版的尊巴舞课。他进了大厅，看看手中的名片，转身挥挥手，然后就迈着舞步离开了。

我们每年都会交谈几次。杰西生活得很好。我们都还在学习。

——佩里医生

● 2018年11月22日，我的母亲维妮塔·李去世了。

我对我们的关系一直充满矛盾心理，直到最后一刻。

现实情况是，直到我取得了成功，我母亲才开始对我表现出更多兴趣。我的内心一直在斗争，我该如何对待她？我欠这个只给了我生命的女人什么？《圣经》中说，“当孝敬父母”，但这究竟指的是什么？

我决定，我孝敬她的方式之一是给她经济上的支持。我确保她拥有所需要的一切，能够过上舒适的生活，但我们之间从来没有真正的连接。我想说，那些从电视上看我的观众比我母亲更了解我。

几年前，她的健康状况急剧下降，我知道我需要为她随时会发生的意外做好准备了。就在感恩节的前几天，我的妹妹帕特里夏打电话告诉我，她认为是时候去看看母亲了。于是我飞往密尔沃基。

我和母亲在房间里坐了几个小时。她喜欢让房间温度保持在27摄氏度左右，我们就在这样的温度中循环观看史蒂夫·哈维的脱口秀和电影《只此一生》(*One Life to live*)。我努力想找些话说，甚至一度拿起临终关怀人员留下的手册。我一边读着手册上的建议，一边在想，我，奥普拉 · 温弗瑞，已经和成千上万的人面对面交谈过，却需要靠一本临终关怀手册来指导我该对母亲说什么，这是多么可悲。

终于到了离开的时候，有个声音告诉我，这将是我最后一次和母亲见面。但当我转身离开时，我还是说不出话来。我用尽所有力气说了一句："再见……我会再来看你。"讽刺的是，我离开母亲是为了去做一场演讲。

在那晚回家的飞机上，我脑子里突然有个声音向我低语，我知道这句话千真万确："你会后悔的。你还没有做好该做的事。"在那一刻，我觉得自己是个伪君子。如果其他人处在我的位置，我会告诉他们："你应该回去，把该说的话说出来。"

我转身回到了密尔沃基。

我和母亲在那个闷热的房间里又共处了一天，我还是没有说出我要说的话。

那天晚上，我向上帝祈求帮助。第二天早上，我做了冥想。当我准备出门时，我拿起手机，注意到正在播放的歌曲——马哈丽亚 · 杰克逊[1]唱的《亲爱主》(*Precious Lord*)。如果说预示真的存在，那一定就是这个。我不知道马哈丽亚 · 杰克逊怎么会出现在我的播放列表里。当我听着这首歌的歌词——"亲爱主，牵我手/建立我，领我走/我疲倦，我软弱，我苦愁/经风暴，过黑夜，求领导，进光明/亲爱主，牵我手……"我突然就明白要做什么了。

我走进母亲的房间，问她是否想听这首歌。她点了点头。然后我有了另一个想法：我给我的朋友温特利 · 菲普斯打电话，他是一位

---

1 马哈丽亚 · 杰克逊（Mahalia Jackson，1911—1972），美国黑人歌唱家。她的低音丰满，音域宽广，是世界著名福音歌手。——编者注

传教士和福音艺术家。我请他为我垂死的母亲唱《亲爱主》。温特利在餐桌边，通过视频，以无伴奏的方式唱了这首歌，然后祷告：愿我们的家庭“没有恐惧，只有和睦”。

我看到母亲被感动了。这首歌和祷告为我们两个人创造了一个敞开心扉的契机。

我开始和她聊天，聊她的生活，她的梦想，还有我。

最后，我终于说出了要说的话。

我说：“这对你来说一定很难。没有受过教育，没有能力，当你怀孕时不知道未来会怎样。我相信很多人都叫你打掉那个孩子。”

她点了点头。

“但你没有，”我说，“我想感谢你留下了那个孩子。”我停顿了一下，“很多时候，你不知道该怎么做。但你已经尽了全力——对我来说没问题了，真的没问题。希望你知道我一切安好，我心灵得安宁。很久以前，我便得安稳。现在，你可以安心离开了。”

这是一个神圣、美丽的时刻，是我生命中最自豪的时刻之一。作为一个成年人，我学会了从不同的视角来看待我的母亲——她不再是那个不关心我、不保护我、不爱我、不理解我的母亲，而是一个年轻的女孩，自己还只是一个孩子，她孤独、害怕，还没准备好做慈爱的母亲。

多年以前我就已经原谅了我的母亲，原谅她没有成为我需要的母亲，只是她还不知道。我们在一起的最后时刻，我相信我能让她从过去的羞愧和内疚中解脱出来。

我回来了，我做完了我需要做的事。

宽恕就是不再希望过去可能会有所不同。如果我们总是抱着过去的痛苦不放，我们就无法前行。实际上，所有因创伤而破碎并留下伤痕的人，都有机会把他们的经历变成佩里医生和我一直在谈论的——创伤后的智慧。

宽恕自己，宽恕别人。走出你的历史，踏上通往未来的路。

我的朋友，诗人马克·尼波说，想要知道真相，必先经历痛苦。

但我们不必为了保留真相而让痛苦持续存在。

当我不再将母亲与我心中渴望的母亲进行比较时，我就与母亲和解了。我不再执着于应该或可能发生的事情，而是开始关注现在和未来会发生的事情。

因为我能确定的是，你经历过的一切都是为你而发生的。所有的时间，所有的时刻，你都在积累实力。

这一个个积累实力的时刻相乘，聚合成你的力量。

你经历的一切终将化为你的力量。

——奥普拉

延伸阅读

我们希望这本书能够激发你的兴趣，引发你去反思，你是如何理解自己和他人的。与创伤相关的话题涉及非常广泛的领域，发展性逆境的影响也是普遍而深刻的。我们无法在有限的篇幅中涵盖所有这些内容。如果你想了解更多，以下这些书可以供你参考。

推荐书目

The Boy Who Was Raised as a Dog: And Other Stories from a Child Psychiatrist's Notebook
Bruce D. Perry、Maia Szalavitz
这本书最初出版于 2006 年，并于 2017 年进行了修订和更新。它记录了佩里医生在治疗遭受忽视、创伤和发展性逆境的儿童和青年时如何逐步改进自己的方式方法。这本书是对《你经历了什么？》的一个很好的补充，对《你经历了什么？》一书中讨论的一些核心概念进行了更深入的探讨。

The Body Keeps the Score: Brain, Mind, and Body in the Healing of Trauma
Bessel van der Kolk
范德考克医生是创伤研究领域的先驱者和创新者。这本 2014 年出版的经典书籍概述了他的研究发展、临床方法以及关于创伤对大脑、心理和身体的复杂影响的思考。

Born for Love: Why Empathy Is Essential—and Endangered
Maia Szalavitz、Bruce D. Perry
本书于 2010 年出版，用故事和案例阐明了共情力和爱在发育和健康中的重要作用。这本书强调要意识到现代社会中社交连接的变化，并讲到了《你经历了什么？》一书中讨论的许多和“连接”有关的话题。

Together: The Healing Power of Human Connection in a Sometimes Lonely World
Vivek H. Murthy
在这本于 2020 年出版的书中，奥巴马总统和拜登总统的医疗总监维韦克 · H. 默西医生谈到了人与人连接的重要性以及孤独对我们身体和心理健康的影响。这些信息呼应了《你经历了什么？》和 *Born for Love* 中的许多对话。作为医疗总监，默西医生从一个独特而重要的角度审视了这些问题。

The Deepest Well: Healing the Long-Term Effects of Childhood Adversity
Nadine Burke Harris
这本书于 2018 年出版，从一个人、一个社区开始讲述一系列有关童年逆境经历的故事，揭示童年创伤和身体健康风险之间的相关性。更重要的是，哈里斯倡导改变医疗保健方式，这将有助于识别、预防和解决童年逆境经历对健康的影响。

如 果 想 了 解 更 多：

大脑和神经科学：

BrainFacts.org：如果你对大脑感兴趣，这是获得相关资源的最可靠、最准确、使用最方便的网站。它源自一项公共信息倡议，由神经科学学会、卡夫利基金会和盖茨比慈善基金会合作建立。这个网站为教师、学生和专业人士提供了材料，是深入研究大脑的一个极好的信息来源。

预防虐待和对家庭的支持：

Preventchildabuse.org：这是美国创立最久和规模最大的致力于预防儿童虐待的组织。这个网站是一个很好的信息来源，可以从中了解更多已经得到证明、能够减少儿童被虐待和被忽视的创新性家庭支持计划。

童年逆境经历：

美国疾病预防与控制中心暴力预防处的童年逆境经历分部（Adverse Childhood Experiences section of the Violence Prevention Branch of the CDC）创办的网站 https://www.cdc.gov/violenceprevention/aces/index.html：这个网站是一个集合了教育资源、研究文章和与儿童逆境经历有关的政策解释的宝库。它是关于童年逆境经历的准确信息的最可靠的资源。

神经序列模型和佩里医生的工作：

Neurosequential.com：这个网站概述了神经序列网络的研究、临床项目和其他教育活动。（这个网站是一个跨越二十八个国家和几十个学科的实践社区。）

请访问 WhatHappenedtoYouBook.com，
了解本书引用的完整出版物清单，以及与创伤、复原力和疗愈有关的更多资料。

致谢

在此对所有与我们分享自己生活经历的儿童、青少年和成年人表示感谢。他们的故事是脆弱和勇气兼具的礼物。写书需要大家的共同努力。我们要感谢哈泼公司、Flatiron出版社、Melcher Media、神经序列网络研究中心的许多朋友，他们为这本书付出了时间、精力和创造力。我们要特别感谢詹纳·科斯特尔尼克·厄特利、布琳·克拉克和劳伦·南森对这一过程的指导。要特别感谢神经序列网络研究中心的管理团队——亚娜·罗森菲尔德、埃米莉·佩里、黛安娜·瓦因斯、史蒂夫·格拉纳、埃琳·哈姆里克和克里斯蒂·勃兰特，佩里医生在这本书中呈现的许多工作进展和成效都要归功于他们。